Wilma Taubenberger • Charles entdeckt die Welt

Wilma Taubenberger

Charles
entdeckt die Welt

Hunde-Tagebuch

Bibliografische Information der Deutschen Nationalbibliothek
Die Deutsche Bibliothek verzeichnet diese Publikation in der Deutschen Nationalbibliografie; detaillierte bibliografische Daten sind im Internet über http://dnb.ddb.de abrufbar.

www.medu-verlag.de

Wilma Taubenberger
Charles entdeckt die Welt
Hunde-Tagebuch

Dreieich bei Frankfurt/M.

Umschlaggestaltung: im Verlag

Printed in EU

ISBN 978-3-944948-82-9

Ich widme dieses Buch meinem Vater, der leidenschaftlicher Landwirt und mehr Heger als Jäger war. Bei ihm habe ich täglich gesehen, wie wichtig es ist, mit der Natur im Einklang zu leben und alle Lebewesen – und sind sie auch noch so klein – zu achten. Und was der „Kreislauf des Lebens" bedeutet.

„Hunde sind unsere Verbindung zum Paradies.
Sie kennen nicht Böses, Neid oder Unzufriedenheit.
Mit einem Hund an einem herrlichen Hang zu sitzen,
kommt dem Garten Eden gleich,
wo Nichtstun nicht Langeweile war – sondern Frieden."

– Milan Kundera –

„Hunde sind nicht unser ganzes Leben,
aber sie machen unser Leben ganz."

– Roger Caras –

Vorwort

Gestatten, dass ich mich vorstelle, mein Name ist Charles. Ich bin jetzt gerade mal sechs Monate jung und schon ein prächtiger Berner Sennenhund. Ich erlebe so Vieles jeden Tag, dass mein Frauli und Schreiberling alles aufschreiben muss.

Ach ja, ich wohne hier in einem schönen alten Haus, wir haben hier so eine Art Wohngemeinschaft. Ich und mein Herrl wohnen noch so lange hier, bis unser altes Bauernhaus gleich daneben saniert ist. Dann wohnt noch der Mark hier – so ein halbstarker Junge, der glaubt, mir auch was sagen zu müssen, und die Fanny. Sie ist eine ältere Mischlingshündin und Mark ist wohl ihr Herrl. Die beiden sind schon lange ein eingespieltes Team, das merkt jeder, der die beiden zusammen sieht. Die Fanny mochte mich am Anfang nichts besonders leiden. Bestimmt wollte sie sich nicht mit mir rumplagen, aber jetzt ist sie voll nett und sie bringt mir auch eine Menge bei. Hier wohnt auch noch ein kleines quietschendes Mädchen mit einem langen blonden Zopf, Viktoria heißt sie, und wir spielen ständig zusammen, sie gibt mir immer etwas von ihren Süßigkeiten und Jausenbroten ab und wir kuscheln sehr oft.

Ja, und dann wohnt hier noch eine total nette Frau, sie ist das Familienoberhaupt. Was die sagt, zählt! Der Junge und das Mädchen sagen Mama zu ihr. Die Frau sorgt für uns alle. Sie schaut, dass der Kühlschrank und die Hundeschüsseln voll sind, dass alle haben, was sie brauchen, dass wir uns vertragen, dass wir nur sauber das Haus betreten und vieles mehr. Und da mein Herrl irgendwo arbeitet und oft auch einige Tage wegbleibt, ist sie mein Frauli. Ich liebe sie.

Wir haben einen riesigen Garten, der gleich in große Wiesen einfließt – ohne Zaun. Bin gespannt, wie lange noch? Da es mich halt manchmal überkommt, ich übers Ziel hinausschieße und etwas weit weglaufe, überlegt der Familienrat schon öfters laut, ob sie nicht doch für mich einen Zaun ums Grundstück ziehen.

Außerdem arbeitet mein Frauli in einem großen Haus gleich neben unserem und da darf ich immer mit. Da besuchen uns immer viele nette Leute und es fallen sehr viele Streicheleinheiten für mich und die Fanny ab.

In diesem Haus leben immer zwei ältere Menschen und alle sagen Oma und Opa zu ihnen. Die mag ich auch sehr gerne. Oma lässt gerne etwas Essbares heimlich unter den Tisch fallen, so dass keiner es merkt – keiner außer meinem Frauli – die sieht und hört einfach alles.

Und dann gibt es da noch meinen Onkel Sam aus Kärnten. Er ist der Bruder meiner Mama Anna und mein großes Vorbild. Er ist so ein richtig stattlicher Berner, so will ich auch mal werden. Onkel Sam schickt mir Briefe (also eigentlich sein Frauli, die Gusti, schreibt sie). Er ist immer im Bilde, gibt mir gute Ratschläge, erzählt von sich und tröstet mich, wenn ich wieder mal in Not bin. Ihr müsst wissen, ich bin in Kärnten geboren. Ich bin eigentlich ein „VON" Klein St. Veit!

Und nun kommen meine Geschichten.

Dramatische Rettungsaktion

Einen wunderschönen Sonntag hatten wir heute, aber mein Herrli kam wieder mal nicht aus den Federn. Es war schon bald Mittag und jetzt erst saß eine unrasierte Schlaftablette in der Küche mit einen großen Topf Kaffee vor sich, das heißt, es konnte noch Stunden dauern, bis das was werden konnte – mein Herrli, echt witzig! ☺ Dabei dachte ich, wir unternehmen heute etwas bei dem schönen Wetter und war nun doch etwas sauer. Die Uhrzeiger hatten schon lange Mittag überrundet, es war kaum zu glauben – da stand er da – in Jeans und Wanderschuhen, zwar immer noch nicht rasiert, aber das war mir wurscht. Mir wär's auch gar nicht mehr aufgefallen vor lauter Freude, aber natürlich blieb diese stachelige Tatsache nicht ganz ungetadelt.

Endlich zogen wir los. Herrli hatte sich noch schnell informiert, welchen nahe gelegenen Berg wir anstreben sollten, so dass wir nicht zu viel Zeit mit der Anfahrt verplempern würden. Opa hatte auch gleich die zündende Idee, die Drachenwand sollte es heute werden, da würden wir nur ein paar Minuten mit dem Auto hinfahren.

Also rein ins Heck des Wagens und los ging's. Endlich, ich war total aus dem Häuschen, hatte ich doch schon daran gezweifelt, ob das heute noch was werden würde. Schnell hatten wir den Parkplatz erreicht; das Wetter war wirklich herrlich und meine Stimmung bestens – ich liebe die gemeinsamen Wanderungen mit meinem Chef. Flotten Schrittes – wie immer – ging's bergauf und schon nach kurzer Zeit standen wir an einer Weggabelung. Ich habe meinen Wanderführer etwas grübelnd vor der Tafel stehen gesehen, als könnte er nicht lesen oder nicht glauben, was darauf zu lesen war, aber mir war's egal. Hauptsache, es ging weiter. Aber ein Tempo legte er wieder vor, als würden wir verfolgt werden. Mittlerweile hatte ich Mühe, mit ihm Schritt zu halten. Mich wundert das schon sehr, die ganze Woche sitzt er angeblich im Büro oder im Auto – aber wehe, wenn er losgelassen …

Die Anstrengung lohnte sich, nach gut einer Stunde standen wir auf einem Gipfel mit einer Aussicht – super! ☺ Meine Bergziege war sprachlos und ich war nur erschöpft.

Ich hatte nun etwas Zeit, mich auszuruhen, und konnte die gute Luft da oben genießen, einfach herrlich. Auf dem gegenüberliegenden Steilhang sprangen so Schafe herum, Herrli sagte, dass es Gämsen seien.

„So langsam müssen wir den Heimweg antreten, Charles!", sagte mein Herrli nach einer Weile zu mir. „Die Sonne wird bald untergehen." Das konnte ich mir so gar nicht vorstellen. Es war noch total sonnig da oben, aber na ja, gingen wir halt wieder runter.

Der Abstieg taugte mir nicht so, irgendwie hatte ich immer das Gefühl, mein Gewicht säße mir im Nacken und schöbe mich bergab, meine Vorderpfoten hatten Mühe, sich dagegenzustemmen. Ich merkte auch, dass mein Herrli nun nicht mehr so Gas gab und vorsichtiger einen Fuß vor den anderen setzte.

Wir waren schon eine ganze Weile bergab unterwegs, aber es war noch kein Ende abzusehen. Irgendwie hatte ich den Eindruck, wir hatten uns verlaufen, und tatsächlich: die Sicht wurde auch von Minute zu Minute schlechter. Außerdem waren wir umringt von Bäumen. Ich fragte mich wirklich, wo der Wald plötzlich herkam.

Der Weg, den wir gingen, war eigentlich gar kein Weg. Es war ein steiler, mit viel Laub bedeckter Hang und plötzlich – ich merkte, dass ich die Kontrolle über meinen Viererantrieb verlor und zu rutschen begann. „Charles pass auf!", hörte ich mein Herrli rufen, aber es war bereits zu spät.

Ich rutschte und rutschte und purzelte einen Felshang hinab. Der Riesenschreck schnürte mir die Luft zum Atmen ab, ich konnte nicht mal mehr jaulen oder japsen. Alles ging so schnell, ich drückte die Augen zu und dachte nur noch – das war's! ☹ Aus und vorbei ist dein junges Hundeleben, schön, spannend und kurz, viel zu kurz!

Mit voller Wucht schlug ich auf. Stille, es war ganz ruhig um mich herum. Ich spürte keinen Knochen mehr. War das ein gutes Zeichen? War ich tot? Langsam machte ich die Augen auf und war gespannt, wie es da wäre im Hundeparadies. Denkste! Im gleichen Augenblick: „Mein Gott, Charles! Was machst du denn da unten? Wie soll ich dich da je wieder hier hochholen?"

Nix war mit „Paradies"! Ich war in eine Schlucht abgerutscht, denn es lagen so viele braune Blätter auf dem Hang, dass ich den großen Felsen darunter gar nicht bemerkt hatte. Das nasse, glitschige Laub ging ab wie eine Rodel auf einer Rodelbahn. Da lag ich nun, fix und alle, aber glaubst du, ich konnte auch nur einen Anflug von Mitleid erwarten? Nein! Ich dachte, ich spinn!

Und alles nur, weil er mich nie an die Leine nimmt, wenn wir auf unwegsamem Gelände unterwegs sind! Und überhaupt: wer hat sich hier verlaufen, wer war hier der Wanderführer und trug die Verantwortung für das Team? Da war ich ja gespannt, was ihm dazu einfallen würde. Wie er mich wohl wieder hochholen würde? Aber in dem Moment war ich so kaputt, dass mich das nicht kümmerte, ich musste erstmal ein Nickerchen machen.

Als ich wieder zu mir kam, stand ER vor mir. Wie der Almöhi kam er mir vor, patschnass geschwitzt, riesig und keuchend. Er begrapschte mich auch sogleich überall, um zu schauen, ob ich mir etwas gebrochen hatte. „Nein, gebrochen ist wohl nichts, mein Guter", hörte ich ihn murmeln.

Der große Bergführer griff zum Telefon und rief mein Frauli an, sie sollte doch mal die Bergrettung informieren, falls wir es nicht schaffen würden, hier alleine rauszukommen, damit die schon mal in Bereitschaft wären. Schließlich hätte die Dämmerung schon begonnen und bald wäre es dunkel und dann müssten wir hier übernachten. Die Vorstellung alleine bereitete mir schon Unbehagen – ich liebte meinen kuscheligen Schlafplatz und außerdem würde das Abendessen ausfallen!

„Der Akku vom Handy ist auch bald leer, ich kann nicht mehr wegrufen nur noch empfangen", hörte ich mein Herrli rufen. Na klar, wenn man das Ding mal wirklich braucht …

Eine Minute war wohl erst vergangen, da läutete es auch schon; die Bergrettung war dran und fragte nach unserer Position, wo wir uns befinden würden. Herrli druckste ein bisschen herum und sogar ich merkte, dass er keine Ahnung hatte wo wir waren. Na ja, ein Steilhang, eine Felswand und viele Bäume sind in diesem Gelände ja nicht wirklich eine Orientierungshilfe. Einzig und allein die Aussage, dass wir vor zwei Stunden bei einem Gipfelkreuz waren und dann abwärts gegangen sind, war für die Retter sicher nicht hilfreich.

Herrli sagte: „Gut, wir versuchen es jetzt noch einmal aus eigenen Kräften hier wegzukommen, rufen Sie mich bitte noch mal an, bevor Sie die Suchmannschaften losschicken."

Eigene Kräfte? Woher wollte der wissen, dass in mir überhaupt noch so was wie ein Hauch von Lebensgeist steckte? Ich hatte Mühe, meine Augendeckel offen zu halten. Und beim Betrachten der Wand wurde mir sowieso schlecht, egal ob ich nach oben schaute, von wo ich gekommen war, oder nach unten, da wollte ich auch nicht hin. Nein, ich weigerte mich, mich von der Stelle zu rühren, ich wollte einfach nur bleiben wo ich war!

Herrli hatte auch schon überlegt, ob er mich zurücklässt oder lassen muss und zuerst mal alleine raufkraxelt, aber zum Glück habe ich so eine Lobby hinter mir, dass er das nach kurzem Überlegen besser bleiben ließ. Nicht auszudenken, was meine Familie ihm erzählt hätte, wenn er ohne mich nach Hause gekommen wäre. Dann hat er seinen inneren Schweinehund überwunden und meinen gleich mit und so haben wir es wieder und wieder versucht …

Irgendwann konnte ich einfach nicht mehr. Mein Herrl schob mich wie ein riesiges Wollknäuel Stück für Stück die Wand hoch und er hatte dabei sogar noch die Kraft zu maulen: „Charles, warum sind dir keine Haltegriffe angewachsen!?"

Auf diese – mich vor sich herschiebende – Weise haben wir den Hang erklommen. Aber Pause gab es keine, es war schon fast nachtdunkel und mein Retter rannte beinah talwärts. Kaum waren wir aus dem Wald raus, läutete wieder das Telefon: Der Leiter der Bergrettung war dran und fragte noch mal nach, wie die Situation wäre. Mein Herrli keuchte ins Telefon: „Wir haben es geschafft, wir sind aus dem Wald draußen und gleich unten. Sie können die Suchaktion abblasen."

Endlich beim Auto angekommen, sammelte ich meine letzten Kräfte, um in den Kofferraum zu springen. Ich hörte noch weit weg ganz leise das Motorengeräusch und war auch schon im Land der Träume.

Zuhause angelangt, genehmigte sich mein Herrli erstmal ein großes Glas Bier, für mich gab's eine Schüssel Wasser und was zu fressen, aber auf letzteres musste ich wirklich verzichten, in der Magengegend war es irgendwie ganz flau.

Mein Extrem-Alpinist „in spe" berichtete der Familie alle Einzelheiten, aber lange nicht so ausführlich, wie ich es empfunden habe – logisch, ich war ja abgestürzt! ☹ Er hatte natürlich ausgelassen, dass er sich verlaufen hatte. Als er erzählte, dass er überlegt hatte, mich zurückzulassen, rebellierte gleich die ganze Familie! ☺ ☺

Er erzählte auch: „Der Mann von der Bergrettung hat gesagt, es muss der Almkogel gewesen sein, wo wir waren (für uns müsste man die Berge beschriften) und an dieser Stelle sind vergangenes Jahr fünf Hunde abgestürzt und drei davon haben sich erhängt, weil sie angeleint waren." ☹ Uupps …

Onkel Sam schreibt mir einen Brief:

Lieber Charles!

Deine Bergerlebnisse lassen mir das Blut in den Adern gefrieren! Ich hatte dir doch früher schon geraten, ihr solltet euch einen GPS-Sender einbauen. Nach dem, was ich jetzt wieder lese, halte ich es bei euren Touren für überlebensnotwendig. Am besten, ihr lasst es euch gleich implantieren!
Zum Glück warst du nicht angeleint – ich mag gar nicht daran denken, was hätte passieren können ☹

Ich wette, dein Herrchen hatte nach gelungener Rettungsaktion sicher einen Vollbart. Aber eines musst du ihm hoch anrechnen: Er hat um dich gekämpft und einen Rückweg ohne dich nicht gewagt.
Das mit der erhöhten Futterration kannst du vergessen. Beim Hochwuchten hat dein Herrchen sicher jedes Gramm Fett an dir als schwere Last empfunden. Deswegen hast du auch nur Wasser und kein Bier bekommen.
Ist eigentlich wieder ein Bergausflug geplant? Wenn ja, dann sag einfach, du hast keine Zeit …

Viele Pfötchen
von deinem „Onkel Sam"

Lieber Onkel Sam,

Herrli plant leider seine Touren nicht, das ist ja das Problem. Kein Wunder, dass wir manchmal in Bergnot geraten. Beim Frühstückskaffee (kurz vor Mittag) weiß er meist selbst noch nicht, wohin ihn Schusters Rappen führen werden und wenn wir losmarschieren, denkt er auch noch: „Eine kleine Runde wird es heut", doch plötzlich, wenn er so im Gehen ist, überkommt es ihn und er ist nicht mehr zu bremsen.
Wenn ich das vorher wüsste, würde ich auch etwas mit meinen Kräften haushalten. Natürlich, wie jeder junge Hund, renne ich vor lauter Freude hunderte Meter vor und wieder zurück und wieder vor und wieder zurück. Bis wir überhaupt mal auf dem Berg sind, an der Stelle, wo mein Herrli sich überlegt, welche Umwege er noch einschlagen kann, um richtig auf seine Kosten zu kommen, bin ich ja ohnehin schon fertig mit der Welt.
Jetzt im „sogenannten Winter" hab ich echt so meine Mühe. Ich hab ja keine Lust, auf dem Weg zu bleiben, und so hüpf ich na-

türlich vergnügt in der Wiese rum, springe über Gräben, Steine, Baumstämme und Stümpfe. Das geht ja noch, aber dann im Wald, da liegt überraschend viel Schnee und plötzlich sitz ich auf. Beim letzten „kleinen Spaziergang" nicht weit von zuhause ist mir das passiert – schwups, weg war ich! Herrli biegt sich vor Lachen, wenn nur noch die Ohren und die Rute rausschauen. Ich warte schon lange nicht mehr, bis er mir zu Hilfe kommt, weil das spielt's* nicht. Er lacht nur und geht weiter, ein: „Mei bist du dumm" ist vielleicht noch zu hören und das war's mit der Anteilnahme!

Bis ich meinen Viererantrieb wieder halbwegs unter Kontrolle habe und funktionstüchtig einsetzen kann – das grenzt schon an Hochleistungssport. Kaum hast du eine Pfote rausgezogen, brechen zwei andere wieder ein. Klar, dann wird's mühsam.

Da kommt dann die Zeit, wo ich brav neben meinem Spaßvogel hertrippel, da kann ich mir dann auch anhören: „Charles, es ist doch immer das Gleiche mit dir, dass du dir das nicht merken kannst!" Wenn mir das Gesudder** zu blöd wird, geh ich hinter ihm, so kann ich ihm auch demonstrieren (indem ich den Abstand variiere), dass Bremsen angesagt ist. Er dreht sich zwar öfter um und feuert mich an oder lacht mich aus, weil ich wieder mal schlapp mache, aber bremsen tut er kaum. Mir tut das ganze Gestell weh und der Ober-Alpinist legt noch einen Zacken zu.

Im Grunde liebe ich aber diese Wanderungen. Wenn's mir nicht grad an den Kragen geht, find ich das ja wirklich wunderbar. Mein Herrli und ich – nur wir beide, total auf uns (mich) gestellt – da kannst du sehen, was wahre Freundschaft bedeutet, oder wie der Dichter sagt: „Wahre Liebe gibt es nur unter Männern." Das wird der wahrscheinlich damit gemeint haben!

---

* *das bringt's nicht*

** *Gemecker*

Also mach dir nicht allzu viele Sorgen. So lange die Familie hinter mir steht, kann nicht viel passieren. Er traut sich eh nicht, ohne mich nach Hause (und das GPS hat mein Frauli ihm wahrscheinlich bereits heimlich eingepflanzt, weil die lehnt sich immer gelassen zurück!).

Dein Charles

Jetzt ist Onkel Sam wieder beruhigt:

Lieber Charles,

vielen Dank für deinen beruhigenden Brief!
Weißt ja eh, wie das ist … mit der älteren Generation. Die machen sich ja dauernd Sorgen. Tu dies nicht, tu das nicht. Dabei war ich ja auch nicht besser. Und wenn ich meine körperlichen Fähigkeiten überschätzt hatte – dann hat mich der Tierarzt wieder repariert ☺ ☺
Ich bin heute übrigens auch in eine Felswand gestiegen!
Jetzt schaust aber … gell? Hab ich extra für dich gemacht. Damit du sagen kannst: „Mein Onkel ist auch Bergsteiger."
Für den Anfang ist das extrem genug! Die Feuerwehr ist nur ca. 100 Meter entfernt. Im Notfall hätten die mich ganz sicher mit der Drehleiter gerettet ☺ ☺ Sonst hätte ich mich auch nie und nimmer in diese Gefahr begeben.

Viele Bergpfötchen
von deinem „Onkel Sam"

Das war eine Fahrt! – oder logistische Meisterleistung

Mein Frauli musste in die Stadt und mein Herrli sagte, sie solle mich mitnehmen, es täte mir gut, wieder mal rauszukommen. Sehr fürsorglich, dieses Landleben war ja manchmal wirklich ein bisschen fad. Auf den Einwand hin, dass sie mit dem kleinen Blauen fahren müsse (obwohl sie den natürlich eh am liebsten nahm), weil kein anderer Transporter da wäre, sagte mein Herrli: „Der Charles hat aber vorne auf der Beifahrerseite gut Platz!" – Schluck ...

Und so kam es, dass Frauli mir das Halsband anlegte, die Leine einpackte und mich bat, einzusteigen. Na, ich hab's versucht und als meine beiden Vorderpfoten drinnen waren – war das Auto eigentlich schon voll.

Schließlich hat „Mann" nicht bedacht, dass ich vor drei Monaten das letzte Mal im Auto saß, das Wetter herrlich und das Dach nicht drauf war – so konnte ich mich zumindest nach oben hin strecken. Aber jetzt bin ich doch schon fast ausgewachsen und da liegst' ja da drin wie in einer Laibschüssel* (auf breiten Rädern wohlgemerkt).

Da die Zeit wieder einmal knapp war und sie einen Termin hatte, wurde nicht lang gefackelt – sie stopfte mich rein, indem sie an meinem Hinterteil anschob und sich gleich dranmachte, die Tür zuzuhauen. Natürlich hab ich alles eingezogen, was so abstand.

Sie stieg auf der Fahrerseite ein und das Dilemma begann. Zudem drückt das kurze Persönchen auch das Gaspedal immer kräftig, so dass es mich dann noch regelrecht in den Sitz gepresst hat. Endlich auf der Autobahn wollte ich es mir auch mal bequem machen – die einzige Seite, die mir das ermöglichte, war in Richtung Fahrersitz – also Mittelkonsole, Schalthebel, Fraulis

---

* *ähnlich einer Sardinenbüchse*

Schoß. Sie beschimpfte mich die ganze Zeit, ich solle mich nicht so anstellen, was aber an meiner Position nichts ändern konnte. So blieb sie auf einem Parkplatz stehen, zerrte mich raus und stopfte mich hinten wieder hinein. Den Beifahrersitz schob sie ganz nach vorne, so dass ich etwas Luft hatte. Es war schon besser und ich zählte einfach die Minuten, bis ich aus der blauen Konservendose wieder raus durfte.

Das dauerte aber logischerweise noch lange, weil es gibt ja wohl keine Frau, die in die Stadt fährt und nichts einkauft. Nur unsere hat's echt übertrieben. Wir fuhren zu einem Baumarkt und mein Frauli kam mit einem großen Einkaufswagen, einem noch größeren Karton und ein paar kleineren Teilen wieder zurück. Zuerst versuchte sie, das große Teil auf dem Beifahrersitz zu platzieren – aussichtslos. Dann machte sie vorne die Klappe auf und versuchte es da – keine Chance, da wäre die Haube offen geblieben. Wenn Frauen sich was in den Kopf gesetzt haben! Sie überlegte etwas und sah mich dabei an …

„So", dachte ich mir, „jetzt überlegt sie bestimmt, ob ich vorne unter der Haube Platz hab!"

Aber nein, sie nahm noch mal Anlauf, rückte den Sitz ganz nach hinten – ich jetzt völlig eingeklemmt nach Luft ringend. Sie presste die riesige Schachtel doch auf den Beifahrersitz, nachdem sie einfach eine Ecke eingedrückt hatte (genau wie sie es vorhin bei mir gemacht hatte) – und so überladen fuhren wir heim. Die ganze Fahrt über hab ich mir überlegt, wie sie alles wieder raus bringen wollte, wo sich doch der Dosenflitzer im Winter von oben nicht mehr öffnen lässt. Aber die ist schon schlau, ich durfte auf der Fahrerseite rauskriechen und der Rest war eh nicht mein Problem.

Werbung nervt

Als ich in diese Familie kam, war ich noch ein Baby, Frauli sagt: „Grad mal so ein Handschuh." Im vergangenen halben Jahr bin ich superschnell gewachsen und zum Leidwesen meines Herrlis auch schwerer geworden (er hätte ja gern eine neue Rasse: Berner mit Wespentaille). Glücklicherweise sieht mein Frauli das anders, die wollte immer schon einen Hund, „der was darstellt".

Viele sagen ja, ich bin „ein Kalb geworden", und ich weiß nicht, ob das ein Kompliment ist oder nicht. Einige Menschen, die mich zwei bis drei Monate nicht gesehen haben, sind gar entsetzt und fragen: „Mein Gott, wird der noch größer?" Viele glaubten, ich bleib immer so wie sie's in der Werbung zeigen. Ist ja auch zu dumm, im Werbefernsehen läuft schon seit einem halben Jahr derselbe Spot einer Versicherung, wo ein kleines Mädchen – so wie meine Viktoria – ein Bernerbaby von vier Monaten zum Sitzen auffordert, und genau wie im richtigen Leben hat sie damit wenig Erfolg.

„Supersüß“ die Szene, wenn man es zum ersten Mal sieht, und es hat unsere Rasse so richtig bekannt gemacht. Plötzlich glauben alle zu wissen, was für ein Hund ich bin – nämlich „der aus der Werbung“. Langsam sollte mal gezeigt werden, dass wir auch wachsen und nicht dumm bleiben, schließlich weiß ich schon lange, was „sitz“ bedeutet.

Ob ich es nun bei der Viktoria mache oder nicht, ist wieder eine andere Geschichte und hängt davon ab, was sie so in ihren Taschen mit sich herumträgt.

Mein liebster Spielkamerad

Viktoria ist mir mit ihren drei Jahren sehr ans Herz gewachsen und mein liebster Spielkamerad geworden. Freilich, sie ist ziemlich quietschig und oft schrill, aber empfindlich ist sie auch nicht. Das Wichtigste ist aber, sie ist immer da und allzeit bereit, Unsinn zu machen. Außerdem toppt sie mich bei weitem, das hat den Vorteil, dass die Standpauken meist ihr gelten und für mich knapper ausfallen.

Wenn ich mit der Kleinen allein bin, ist es mir am liebsten. Wir zwei werden uns schon einig, auch wenn sie mir oft ein Spielzeug überzieht, ich bin eh nicht empfindlich und bei meinen 46 Kilogramm und dem dicken Fell prallt sowieso viel ab. Andererseits teilt sie aber auch ihren Joghurt und manchmal auch ihre Schokolade mit mir, das ist einfach der Ausgleich. Manchmal hat sie nicht vor, mit mir zu teilen, aber im Vorbeigehen kann es schon vorkommen, dass so ein klitzekleines Jausenbrot in mein Maul rutscht. Dann jammert sie ein bisschen rum und holt sich ein Neues.

Ja, ich mag die Schnecke richtig gern. Außerdem darf ich sie in die Zöpfe zwicken, wenn sie sich zu mir kuschelt und an ihren Ohren darf ich auch knabbern (wenn von den anderen keiner zuschaut) – natürlich mach ich das voll vorsichtig, aber trotzdem schreien alle anderen „Aus!" – sie nicht. Oft legt sie sich zwischen meine Vorderpfoten und lehnt sich an, das mag ich gern. Sie riecht auch so gut und wie schon erwähnt – die Zöpfe haben es mir angetan.

Vor kurzem haben wir in der Wiese getollt, die Schnecke hatte wieder einmal eine etwas zu große Jeans an. Sie hat mich geärgert und wollte dann wegkrabbeln. Ich hab sie am Hosenbein festgehalten. Das hat ihr nicht gepasst und die Rangelei wurde wilder. Dabei ist die Hose ein Stückchen über den Po gerutscht. Richtig spaßig! Ich hab so lange gezogen, bis die Hose ausgezogen war und dann bin ich damit abgehauen. Frauli hat lauthals gelacht, die Kleine war aber ziemlich böse mit mir.
Lustig war es trotzdem! ☺

Die erste Liebe, ich hab eine Freundin

In meiner Nachbarschaft wohnt ein hübsches Mädl, sie heißt Aika. Sie ist eine junge Münsterländerhündin. Wir treffen uns sehr selten, weil ihr Brötchengeber (ein alter komischer Mann) sie sehr kurz hält und immer an der Leine hat. Manchmal, wenn sie dann doch freikommt, dann läuft sie davon. Schimpfe kriegt die sowieso immer, also ist es ihr ziemlich egal.

Heute war wieder mal so eine Gelegenheit, wo sie entwischen konnte und zu mir lief. Ich hab mich sehr gefreut und mit ihr getollt. Sie hat gemeint, wir könnten doch ein bisschen zum Bach runterlaufen und spielen. Ich hab mir nix weiter dabei gedacht und bin mit ihr losgezogen.

Als wir wieder heimgekommen sind, war das Donnerwetter groß. Ich hab zum ersten Mal so richtig Schimpfe bekommen und gleich obendrauf Hausarrest. Mein Frauli hatte schon befürchtet, die Aika hätte mich in den Wald geschleppt. Sie ist nämlich ein Jagdhund und hat die Jägerei im Blut. Na ja, mein Ruf ist ja nun auch nicht der Beste – ich sage nur „Hühner"* – und so war die Panik perfekt. Da oben ist nämlich ein Jäger, der kennt keinen Spaß, der schießt die Hunde, die ohne Herrli rumlaufen, sofort tot.

---

* *Hier muss ich der Vollständigkeit halber doch noch erzählen, dass ich als Miniberner einige Hühner zu Tode geliebt habe. Also wirklich, ganz unschuldig und unabsichtlich sind sie einfach während des Spielens mit mir gestorben. Mein Frauli fand das gar nicht gut. Aber die Oma hat sie gerupft und in einen Suppentopf gesteckt. Wenn ich so überlege, gab es da sehr oft Suppenhuhn bei uns. Irgendwann waren die Hühner aus.*

Ich glaub, ich werd erwachsen

Seit heute hebe ich mein Bein zum Pieseln. Ja, schon noch etwas ungeschickt – das bedarf noch etwas Übung, auf drei Pfoten zu stehen … und dann sollt ich ja auch noch einen Baum treffen!

Ich hab mir das schon bei meinem Herrli angeschaut, wenn wir so auf Schusters Rappen weit weg von jeglicher Zivilisation waren und er mal in die Büsche ging. Na, da lach ich ja, so ein Menschenrüde tut sich ja leicht. Fürs Erste hab ich's also nur mal mit einem Strauch probiert und den hab ich sicher erwischt.

Der Anfang ist gemacht!

Wieder einmal beim Tierarzt

Ich hab mir ja sowas schon gedacht, deshalb hab ich heut mal meine Mittagsrunde etwas ausgeweitet (Frauli sagte, ich bin ausgebüxt), was natürlich nicht gut ankam – angeblich war mein Frauli schon drei Runden mit dem Auto gefahren, bis sie mich endlich entdeckt hat.

Ohne Worte hat sie mich hinten eingeladen und ist mit mir losgefahren. Als wir bei dem großen Haus stehen blieben, dachte ich mir schon, da war doch was … da war doch was …? Ich kam aber erst drauf, als ich aussteigen durfte und wieder diese vielen Gerüche in meine Nase stiegen. Aber ich bin ja nun schon ein „Mordstrumm" von Hund (wie der Opa sagt) und somit regt mich auch kaum noch was auf, schon gar kein Geruch – im Gegenteil, ich konnte gar nicht genug kriegen.

Der Tierarzt hat uns die Tür aufgemacht, mich sehr freundlich begrüßt und gleich gestreichelt – da war doch was? Irgendwie hatte ich den Kerl anders in Erinnerung, aber gut, der war voll nett. ☺ Frauli hat diesem sympathischen Mann, während er mich geknuddelt hat, mein Leiden erzählt. Er hat geduldig zugehört und einen Moment überlegt. Dann ging er zu seinem großen Medizinschrank (ich folgte ihm neugierig), holte etwas heraus und gab es meiner Chefin mit den Worten: „Davon geben Sie ihm täglich zwei Milliliter direkt in das Maul. Sorgen Sie dafür, dass er immer genug Wasser zum Trinken hat und geben Sie acht, dass er mindestens 48 Stunden nichts, aber auch gar nichts zu fressen bekommt und auch nichts findet!"

Jetzt weiß ich es wieder – das war's! Der Typ ist hinterhältig und gemein – schon wieder streicht er mir mein Fressen. 48 elendlange Stunden muss ich hungern, im Normalfall wird mir die Nacht schon zu lang. Der Typ, wenn der mir mal nächstens unterkommt und ich groß bin, aber dann …

Oje, ich habe Dünnpfiff

Weiß nicht mehr, was ich gefressen habe, es roch einfach tierisch ekelig gut und das hat sich mein Magen nicht gefallen lassen. Mein Herrli fehlte mir natürlich auch sehr und ich bin halt doch sehr sensibel. Unser Häuptling reiste wieder mal im Ausland rum. Möchte gern mal wissen, wo das ist, „das Ausland“, weit kann es ja nicht sein. Das Gepäck ist klein, das Auto bleibt auch da. Wenn ich bedenk, was meine Mädels einpacken, wenn wir in die Berge fahren! Ja, das ist weit. Die müssen immer viel mitnehmen. Sei es drum, mein sensibler Magen rebellierte.

Vielleicht war es aber auch die Maus! Fanny hat vergessen mir zu erzählen, dass man die Galle ausspucken muss oder einfach weglassen soll! Jetzt wusste ich es auch. Hatte mich eh schon gefragt, wie man das alles nur schlucken kann, schmeckte ekelig (ganz anders als ein Hendl – von denen ich nun die nächste Nacht träumen musste, um zu überleben).

Das waren unendliche 48 Stunden, die Zeit verging überhaupt nicht mehr, mein Magen rebellierte. Meine süßesten Blicke hab ich aufgesetzt, aber glaubst du – Frauli hat getan, als würde sie nicht wissen, worum es geht! Nichts, gar nichts, außer am Abend bittere Tropfen ins Maul gespritzt zu bekommen, das ist schon hart.

Aber jetzt ist es wieder um zum Glück, ich bin wieder trocken sozusagen!

Hallo Onkel Sam! Liebes Tagebuch!
Ach! Überrascht, dass ich noch lebe? Und wie ich lebe! Ich bin wieder total fit, aber um mich herum kränkelt alles schon seit Wochen. Mein Frauli liegt total zermaat* herum. Deshalb gibt's auch gar nix Schriftliches. Zuerst unglaublich viel Arbeit und dann legt sie sich ins Bett und steht fast drei Wochen nicht mehr auf. Die letzten Tage ist sie wieder ein wenig unterwegs wie eine Schnecke – wie eine Hustschnecke, wohlgemerkt. Sie hat eigentlich gar keine Stimme mehr, nur ein Krächzen, was nicht so schlimm wäre, aber es ist halt auch sonst nichts los mit meinem Schreiberling.

* *total krank*

Also dieses Weihnachten ...

Ich kann nur sagen, meinetwegen könnte man das abschaffen. So ein Gewusel und Durcheinander wie es schon Tage vorher war, ist mir wirklich suspekt. Ich musste aus gegebenem Anlass auch noch unter die Dusche. Die Fanny auch, aber der ist das angenehm. Für mich ist es eine Strafe, außerdem durfte ich den Rest des Tages nicht mehr raus und ich bin der Meinung, dass es nix bringt. Ich bin von Haus aus ein Schönling, alles, was da noch gemacht wird, wirkt eher kitschig!

Und dann, an diesem heiligen Abend oder Tag (ich habe keinen blassen Schimmer, was da heilig sein sollte) – Stillstand – wie ausgewechselt. Alle saßen faul und tratschend herum; Essen und Trinken dürfte das Wichtigste gewesen sein.

Und erst die Bescherung! Das Wohnzimmer ist viel zu eng geworden, weil „das Christkind" mitten hinein einen riesigen Baum mit viel zu viel Klimbim darauf platziert hat. Plötzlich durfte ich mich kaum mehr bewegen, als würde allein mein Luftzug die Glaskugeln zum Zerbersten bringen. „Charles pass auf, Charles geh platz, Charles, Charles ...", hieß es ständig.

Und die Fanny! Also, wie die sich aufgeführt hat, schlimmer als die Viktoria. Den Tag über hat sie mich schon ganz aufgeregt auf die „Bescherung" vorbereitet, da gibt's ein Geschenk, ganz wunderbar und so ... und wir dürfen das selber suchen und auspacken und bla, bla, bla.

Dann am Abend öffnete sich endlich die Tür zum Wohnzimmer, das hättest du mal sehen sollen, die Fanny war als Erste drinnen, schnappte sich ein Paket und fing sogleich zur Freude aller an auszupacken. Es war so ein weiches Papier, wo man Angst haben muss, dass es zwischen den Zähnen hängen bleibt, und das eigentliche Geschenk war ein kitschiges, buntes, einem Knochen ähnelndes Teil mit Noppen dran und Glöckchen drin. Die Fanny war glücklich – so was hab ich ja überhaupt noch nicht gesehen, sie verzog sich in eine Ecke und war den halben Abend nicht mehr ansprechbar.

Und dann kam ich dran! Ich wurde regelrecht genötigt, mir auch so ein Päckchen zu nehmen, wie sollte ich wissen welches? Also hat Fannys Herrli mir geholfen, eines zu finden, und hat es mir zwischen die Zähne gestopft. Uah, grauslich, dieses Papier, ich musste es ausspucken. Zur Belustigung der Familie sollte ich es ebenso wie die Fanny aufreißen. Keiner konnte verstehen, dass ich auf Geschenke gar nicht stehe. Es musste sein, Frauli hat mir geholfen und hat das Papier weggerissen. Da lag es dann, so ein noppiges Etwas in blau und rot. Mit großem Gelächter standen sie um mich herum und wollten mich anfeuern, an diesem Ding Spaß zu finden. Schutz suchend wollte ich mich in Fannys Ecke legen, aber die hat mich angeknurrt, als ob ich ihr grausliches Ding hätte haben wollen.

Und wieder Gelächter. Ich habe mich dann unter den Tisch verkrochen und getan, als ob ich schlafen würde, dann ließen sie mich endlich in Ruhe und haben sich voll Wonne auf die anderen Pakete gestürzt. „Ja mei, ja schön, so toll und Dankeschön …"
Die Viktoria wollte eines ihrer Geschenke dem Christkind zurückgeben beziehungsweise umtauschen – so viel Theater, zum Glück schlief ich ein und träumte von einer schönen Wanderung!

Lieber Charles!

NA ENDLICH!

Ich habe mir schon ernsthafte Sorgen gemacht. Soooo lange keine Nachricht von dir. Ich hoffe, dass sich dein Frauchen jetzt schon erholt hat und mich nicht wieder monatelang auf die Folter spannt.

Das halt ich nämlich nicht aus!
Sag ihr das bitte!
Darf ich dir einen Hinweis für die kommenden Weihnachten geben? Du musst unbedingt einen Wunschzettel schreiben, sonst kriegst du sicher wieder ein genopptes Spielzeug. Ich habe mich auf Knackwürste festgelegt und die kriege ich dann auch immer. Mit dem Spielzeug ist das ja immer so eine Sache. Wenn es mir nicht gefällt, dann ist es witzlos und wenn es mir so richtig zusagt … dann brauchst du aber nicht glauben, dass mein Frauchen in stockdunkler Nacht mit mir in den Garten rast, um dort zu spielen. Nie und nimmer.
Und deswegen … Knackwurst ist immer ein Treffer!
Vielleicht hätte ich mir heuer auch noch etwas Schnee wünschen sollen. Das mache ich bei den nächsten Weihnachten ganz sicher.
Ich wünsche euch eine schöne Woche und freue mich schon auf die nächste Tagebucheintragung ☺

Viele Pfötchen
dein Onkel SAM

Hallo Onkel Sam,

„Knackwürste"? Was ist das? Was zum Fressen? Es hört sich auf jeden Fall gut an. Aber du weißt ja, dass mein Herrli mich in dieser Richtung besonders knapp hält. Ich weiß nicht recht, warum. Vielleicht denkt er „wehret den Anfängen" – vielleicht werde ich zum Knackerjäger oder Knackwurstdieb, wenn ich einmal eine hatte. Aber wahrscheinlich hat er auch Angst, dass er mich beim nächsten Absturz nicht mehr retten kann, wegen meinem Gewicht. Schließlich bringt mein Prachtbody stattliche 46 Kilogramm auf die Waage. Es könnte allerdings auch sein, dass

es schlichtweg der Neid ist, weil mir so viele Mädchenherzen zu Füßen liegen. Oma sagt: „Der zieht die Mädels an wie stinkendes Fleisch die Fliegen!"
Ich hab doch schon mal von der schönen Nachbarin erzählt. Eine Münsterländerhündin. Die büxt ihrem alten Herrn regelmäßig aus, um ein Weilchen bei mir zu sein. Sie ist so süß! Aber da ich weiß, dass sie anschließend furchtbar Schelte kriegt und auch mit der Leine eine übergezogen bekommt, hab ich ein schlechtes Gewissen, wenn sie bei mir ist.
Und dann gibt's da noch die Dogge – *schmelz* ... aber davon ein andermal.

Bis bald
Charles

Hallo Charles!

Bekanntlich muss ich ja ständig und immerzu als Fotomodell herhalten.

„Semmerl steh"
„Semmerl sitz"
„Semmerl schau links"
„Semmerl schau rechts"
„Semmerl schau nicht so blöd"
„Semmerl nimm den Kopf aus dem Sand"
„Semmerl rauf auf den Baumstamm"
„Semmerl rein ins Wasser"

MANCHMAL HAB ICH DIE SCHNAUZE WIRKLICH VOLL!

Bei Regenwetter habe ich übrigens keine Fototermine ☺ Da bin ich nämlich nicht schön genug – das Wochenende wird übrigens etwas verregnet werden. So ein Pech aber auch!

Viele Pfötchen
dein „SAM"

Diesmal ging/lief ich zu weit

Aber es ist auch wirklich nicht leicht für mich Babyberner! ☺ Ja, weil mit sieben Monaten bin ich in der Birne immer noch ein Baby – sagt die Oma! Und die muss es schließlich ganz genau wissen. Mein Herrli ist da anderer Ansicht – wie könnt es anders sein – aber dazu später.

Es gibt bei uns so viele nette Leute. Wir leben auf dem Land und immer joggt, walkt oder wandert irgendwo jemand rum. Natürlich stürzt sich jeder gleich auf mich und begrüßt mich ganz beherzt. Alle knuddeln mich ab und wenn ich dann auch noch meinen Charme spielen lasse, schmelzen alle weg – Männlein wie Weiblein gleichermaßen.

Tja, und das geht dann halt so eine Weile. Die Leute gehen doch wieder ihrer Wege und ich ein bisschen mit, mach ein paar Spumpanatzln*, alles lacht … Da kommt es dann halt vor, dass ich, so wie heute, plötzlich ein Stück mitgehe und die Leute irgendwann sagten: „So mein Lieber, jetzt musst du aber wieder heimgehen."

Na, alleine heimgehen ist aber schon megafad und so trödelte ich dann halt den Rückweg am Bach entlang. Und plötzlich riss es mich wie ein Zauberer**! Mein Herrli stand vor mir. Ich hatte den Eindruck, heute war er doppelt so groß und noch mal so breit wie sonst, oder war ich ganz plötzlich geschrumpft?

Vielleicht war es auch der Umstand, der mir jetzt erst auffiel, dass es bereits beinah dunkel geworden war. Auch schon egal, weil das Drama, was sich hier anbahnte, ließ sich sowieso nicht mehr aufhalten. Ich hörte nur: „Charles!" ☹
Donner, Blitz! ☹ Eine Woche Hausarrest …

---

* *Faxen*

** *ich erschrak heftig*

Hausarrest ist schön

Herrli hat mich gestern mit den Worten: „Da hast du jetzt Zeit, darüber nachzudenken, was du angestellt hast!“ gleich nach meinen „Laki*-Fünfminuten“ wieder ins Haus geholt.

Aber glaubst du, liebes Tagebuch – zum Nachdenken darüber kam ich gar nicht. Wenn du dir mal ernsthaft Gedanken über die Einrichtungsgegenstände der Familie machst, bleibt nicht viel Zeit zum Spielen, und Hunger hast du auch keinen mehr, weil irgendwas gibt es ja immer zum Kauen. Ich weiß jetzt, wie der Klobesen schmeckt, wie schnell sich ein Putzlappen in einzelne Fäden auflösen lässt, dass beim Handbesen die Haare büschelweise ausgehen, dass der große Besen beim Umfallen einen Höllenlärm macht und eine Reihe Utensilien mit nach unten nimmt, dass WC-Steine gar keine Steine sind und dir den Geschmacksinn für Tage ruinieren und dass man auf Cremereiniger ausrutscht. Ich weiß jetzt, dass man von vollen Staubsaugerbeuteln besser die Schnauze lässt, weil man nicht mehr aufhören kann zu niesen und dass Toilettenpapierrollen unglaublich lange Streifen werden können. Ich hatte Mühe, die im Erdgeschoss auszulegen. Ich habe wirklich Erfahrungen fürs Leben gesammelt und bin richtig dankbar, dass mir das ermöglicht wurde. ☺

Aus der Woche „Hausarrest“ wurde leider nix, heute darf ich nicht mehr im Haus bleiben, dabei habe ich gestern nicht mal ein Drittel des Hauses erforscht. Herrli hat mich am Baum an der langen Leine festgemacht – na dann schaun mer mal, was dieser Tag so bringen wird!

---

* *Gassi*

Die winterliche Autofahrt

Endlich hat's geschneit. Seit zwei Tagen haben wir ein wenig Schnee und ich find ihn zum Fressen gut! Doch heute Morgen wurde es gar nicht richtig hell, es fielen so viele Schneeflocken ganz dicht nebeneinander, dass man fast nichts sehen konnte. Mein Herrli musste eine kurze Dienstreise antreten und hatte beschlossen, mich mitzunehmen. Für mich war das okay, Autofahren tu ich gern. Auf der Autobahn ging es ziemlich zäh dahin, ich hörte, wie mein Herrli sagte: „Na das kann ja lustig werden, wir kommen ja kaum vom Fleck!"

Aber es wurde noch schlimmer, nach gut einer Stunde ging gar nichts mehr und wir blieben stehen. Alle Autos standen still und nette Leute von der Straßenmeisterei verteilten Tee an die Fahrer. Mein Herrli und ich stiegen aus, wie viele andere auch.

Ich traute meinen Augen kaum, als ich sah, was da auf mich zukam. Was sollte das denn sein? Fleckig wie Nachbars Kalb, etwas mager zwar, war das ein Hund? Wie angewurzelt blieb ich stehen. Mal sehen, was jetzt passierte. Ein Riese, schlank wie eine Wespe und sehr, sehr freundlich. Sie sagte, sie sei eine Dogge und ungefähr in meinem Alter. Unsere beiden Chefs erlaubten uns, in der Wiese neben der Straße zu spielen. Es war so toll, endlich mal einen ebenbürtigen Spielkameraden zu haben. Sie war zwar ein bisschen schneller als ich, aber sie sollte ruhig ihre Runden drehen. Ich wartete, bis sie wiederkam, und dann sprang ich sie nieder. Es hat schon Vorteile, wenn man so einen makellosen, muskulösen Körper hat wie ich. Ein paar Wadlbeißer (so nennt mein Herrli die kleinen Kläffer) gesellten sich auch dazu, aber irgendwie kamen die unter die Räder beziehungsweise Pfoten und dann waren sie eh gleich wieder grantig. Nur einer, er nannte sich Felix und war ein Beaglebub, war superlustig und konnte mit uns mithalten. Klar, er nahm auch immer die Abkürzung unter der Susi durch, so hieß die Dogge.

Wir kugelten, knuddelten und wälzten uns im Schnee. Erst nachdem wir ohnehin etwas erschöpft waren, war die Straße wieder frei und wir mussten weiterfahren. Leider hieß es Abschied nehmen. Mein Herrli wollte mir gar nicht genug Zeit lassen, aber die Susi sprang noch einmal auf mich zu und … sie hat mich geküsst! Potz Blitz! Taumelnd stieg ich in den Wagen ein und schlummerte weg wie, wie … mir fehlt der Wortschatz, um das zu beschreiben. Ich war unbeschreiblich glücklich.

Endlich wieder Urlaub

Ich hatte es schon heute früh bemerkt, irgendwie war alles anders: kein Kaffee mit Zeitung, die Kleine nicht mehr im Pyjama, für mich kein Fressen und viele Anzeichen mehr.

Frauli rief: „Anziehen!“ Das war das Stichwort! Toll, gleich ging's los. Doch vorher konnte ich noch die Kleine ärgern. Wir sind da schon ein eingespieltes Team. Die Kleine stellte sich ihre Schuhe zurecht und versuchte hineinzuschlüpfen, in der Zeit schnappte ich mir einen Schuh und rannte damit herum, sie ließ nun den ersten Schuh fallen und flitzte mir schreiend hinterher. Das war echt lustig. Normalerweise machen wir das auch mit der Haube, mit den Handschuhen, mit Spielzeug und so weiter … nur heute fand unser Feldwebel das nicht witzig. Sie fackelte nicht lang, schnappte mich und schmiss mich raus, steckte die Kleine in Schuhe und Anorak und schon eilte sie über den Parkplatz. Aber in der Früh bin ich immer so quietschvergnügt. Ich rannte ein paar Runden um sie herum. Frauli schimpfte schon, bestimmt hat sie geahnt, was gleich passieren würde.

Dabei hab ich mich nur ein bisschen an die Kleine gelehnt, aber dem hielt sie nicht stand und platsch – haute es sie auch schon in den Dreck. Oje, das Donnerwetter war groß und ich konnte mich gleich auf meinen Platz schleichen.

Echt kleinlich! Wegen so einem rosa Anorak gleich so ein Theater! Angeblich kam er erst aus der Wäsche und hat nun wieder einige Flecken drauf. Frauli eilte schnell ins Büro und knallte die Tür hinter sich zu, das heißt entweder viel Arbeit oder schnell arbeiten – ungestört!

Nach gut einer Stunde, ich kam gerade von meinem morgendlichen Spaziergang zurück, ging die Tür wieder auf.

„Fertig!“ Mit einem breiten Grinsen und einer Kiste in den Händen, randvoll mit Papier, diesem tragbaren Buch (das keines ist) und anderem Zeugs kam sie wieder aus ihrer Höhle. Diese Kiste kannte ich schon, das ist das mobile Büro, das packt sie immer zusammen, wenn sie einige Tage wegfährt. Da mein Herrli nicht da ist, der hatte schon vorige Woche seine Koffer gepackt, war ich ziemlich relaxt, bestimmt würde sie mich mitnehmen.

Und tatsächlich, nach einer gemütlichen Tasse Kaffee machte sie sich an die eigentliche Arbeit. Sie flitzte im ganzen Haus herum und packte für uns drei alles zusammen, was wir so brauchten. Nach der Menge zu urteilen, sollten wir diesmal ein paar Tage länger bleiben. Sie leerte noch den Kühlschrank, alles wurde eingepackt, klar, wer sollte es auch sonst verbrauchen.

Und dann ging's auch schon los, alles noch im Auto verstaut, ich wurde zwischen das Gepäck im Kofferraum eingepfercht und ab ging die Fahrt. Es dauerte nicht lange, dann schlief die Kleine ein, und bei der angenehmen Ruhe fielen auch mir die Glubscher zu.

Als wir das nächste Mal die Augen aufschlugen, waren wir auch schon da. Super, super, da kannte ich mich schon aus, das war da mitten in den Bergen, wo ich schon einiges erlebt habe.

Unsere Taxlerin fing gleich an auszupacken und schleppte alles in den zweiten Stock. Ich war so glücklich, dass ich vor lauter Übermut treppauf, treppab rannte, bis ich den Korb mit den Fressalien übersah und darüber stolperte. Ich konnte mich mit einem Sprung gerade noch retten, aber für den Korb kam jede Hilfe zu spät. Er fiel einige Stufen runter und der Inhalt verteilte sich auf dem Boden. Zwei Becher Joghurt platzten auf und … ich glaub, ich muss nicht weiter beschreiben, wie das aussah. Donner, Blitz! „Charles, du Poatscherl*", hallte es durch den Flur.

Ups, so einen Start hatte ich mir nicht gewünscht, ich flitzte lieber raus und schaute, ob draußen noch alles beim Alten war. Frauli kam mir sofort hinterher und da sah ich es erst. Ich traute meinen Augen kaum: die hatte doch tatsächlich die lange Leine mitgebracht und am Zaun befestigt, daran band sie mich fest. Spaßverderber! Nur weil ich bei unserem letzten Aufenthalt ein

---

* *Unglücksrabe, Pechvogel*

paar Clowns verfolgt habe, die an uns vorbeiflitzten. Der Hang und die Wiese hinter dem Haus, da, wo wir im Sommer das Heu geholt hatten, da rutschten jetzt ganz viele große und kleine Leute auf Brettern und Boards vorbei und alle waren ganz dick und bunt eingepackt. Die sahen wirklich alle so witzig aus, dass ich mir dachte, da kann ich auch mitspielen – aber nein, das kam nicht gut an. Einer hielt meiner frohen Verfolgung nicht stand. Dabei bin ich nur auf diese rutschenden Bretter hinter ihm gesprungen. Plötzlich hat er so komische Bewegungen gemacht, die Hände in die Höhe gerissen, den Hintern nach links außen gedreht, und dann ist die ganze Gestalt auch noch beinah auf mich draufgefallen. Das war ein Tumult, gleich sind einige dieser Clowns – man nennt sie hier Skifahrer – stehen geblieben, um zu helfen. Zum Glück brauchten wir die Hilfe nicht, aber der Mann ging mit grimmiger Miene zu unserem Vermieter petzen.

Hausarrest! Für den Rest der Tage. Tja, dieser Zehnmeter-Auslauf ist wohl das Ergebnis meiner Fröhlichkeit. Das konnte ja lustig werden. Ich hoffte, dass mein Auslauf nur in der Zeit des Liftbetriebs eingeschränkt werden würde.

Da Wadlbeißer

Ich hing grad wieder mal am langen Strick (hier im Urlaubsquartier), da bog der Wadlbeißer um die Ecke, der zum Haus gehört. Mit ihm hatte ich schon meine Erfahrungen gemacht, der kleine fleckige Typ war ein unfreundlicher Zeitgenosse. Allerdings merkte ich, dass er mich nun doch etwas respektvoll begutachtete. Wahrscheinlich, weil ich wieder mal etwas gewachsen bin – ja, ich bin schon ein stattlicher Kerl geworden. Nur – als er sah, dass ich nur zehn Meter Auslauf hatte, stellte sich der freche Zwerg vor mich hin und maulte mich an. Zu meinem Glück dauerte es nicht lange und mein Feldwebel kam zur Tür raus und hustete ihn an (ja, sie hustete immer noch), schon zog er den Schwanz ein und haute ab.

Die Kleine kam auch und wir zogen los. Eine schöne Wanderung, gemütlich, bequem und nicht anstrengend, wie ich es gewohnt war, wenn ich mit den Mädels unterwegs bin. Ich liebe die Touren mit meinem Herrli, aber auch die gemütlichen Spaziergänge sind nicht zu verachten.

Da hab ich Zeit, die Hundetageszeitung zu lesen, wer mit wem und wann und wo und vieles mehr. Die eine Wiese an der Bahn entlang ist der Hit, ich denke, das ist der Hundegackerlplatz* vom ganzen Bezirk. Haufen gibt's da in allen Größen und ich hab Mühe, noch ein freies passendes Fleckerl zu finden und ich brauch ja immer zwei. Ja, ich brauch zwei Platzerl, auf einmal geht's nicht, komisch, aber das hab ich immer schon.

Auf diesen gemütlichen Wanderungen treffe ich auch immer andere Vierbeiner, das ist schön. Viele sind freundlich und tratschen oder spielen mit mir. Die Leute sind durch die Bank sehr freundlich, wenn sie mich sehen, und alle wissen, dass wir (unsere Rasse) sehr gutmütig und freundlich sind.

---

* *Hundezone, Hundeplatz*

Nur dieser Fritzi, so hieß der Köter vom Vermieter – als wir wieder daheim ankamen, schaute er, mich ignorierend, weg. Mir doch egal, wenn er mich nicht anschaute, der Grantler, aber kaum ging ich an ihm vorbei, fiel er mich von hinten an und biss mich ins Fell. So ein Pech aber auch, er erwischte nur ein Maul voller Haare.

Aber er gab keine Ruhe, er keifte mich an und fletschte seine Zähnchen. Jetzt wurde es mir zu bunt, unverhofft drehte ich mich um und zeigte ihm mal, wie richtige Zähne ausschauten. Fletschen kann ich auch und das schaut bei weitem professioneller aus als bei diesem Knilch.

Mein Frauli konnte kaum glauben, was sie da gerade gesehen hatte, und sagte: „Aha, ich glaub du wirst erwachsen, Charles!“ Jedenfalls zog dieser Möchtegern-Wachhund seinen Schwanz ein und verzog sich, ich hoffte, ein für alle Mal!

Alles kommt anders, als man denkt

Heut war ein wunderschöner Wintertag und die Mädels beschlossen, Ski fahren zu gehen. Super, dachte ich mir, dann hab ich heute sicher frei!

Erstens kommt es anders, zweitens als man denkt – ich musste mit! Wir gingen in das Sportgeschäft vor der Liftstation und Viktoria bekam Ski und Schuhe angepasst. „Sie ist noch zu klein, so dass sich die Anschaffung einer eigenen Ausrüstung nicht lohnt", erklärte mein Frauli dem Mitarbeiter. Fraglich, wie so ein Mini überhaupt fahren will, aber mir sollte es recht sein. Doch das dicke Ende sollte erst noch kommen.

Als wir endlich das Geschäft verlassen hatten, dachte ich so bei mir, wo die Mädels überhaupt fahren wollten. Dieser Winter hatte uns ja nicht gerade mit viel Schnee verwöhnt und schon gar nicht im Tal.

Nein, aber nicht wirklich oder? Die beiden steuerten schnurstracks die Talstation der Bergbahnen an. Wir sollten also wieder mit so einem Schwebeklo fahren. Die waren mir letzten Sommer schon nicht geheuer gewesen und jetzt war es noch dazu so laut. Die vielen Leute mit ihren schweren Stiefeln, das irritierte mich total. Da stemmte ich mich aber mit all meinem Schmackes gegen die Zugrichtung der Leine, aber wenn sich eine Frau was in den Kopf setzt … das kennen wir ja schon.

Durch mein gestiegenes Körpergewicht musste meine Chefin zumindest kurzfristig umdisponieren, aber die nächste Gondel war auch schon wieder da. Sie schmiss zuerst die Skier hinein, hob die Kleine hinterdrein und schnappte mich mit ihrem „Keiner-kommt-davon"-Griff, indem sie mit der einen Hand mein Krawattl** und mit der anderen das Fell an meinem Rücken fasste und mich vor sich in die Gondel schob oder hob.

---

* * *Hals bzw. Nacken*

Die Fahrt war, nachdem sich dieses wackelige Teil endlich eingependelt hatte, ganz angenehm und ich traute mich sogar, hinauszuschauen. Oben angekommen, das gleiche Prozedere wieder – Skier raus, Kleine raus, Frauli raus und ich hinterher gezogen.

Das Bergpanorama war ein Traum! Das ist die Umgebung, in die wir Berner passen: Berge, Gipfel so weit das Auge reicht und viel, viel Schnee. Die Tatsache, dass es hier kaum jemanden gab, der sich normal fortbewegte, beunruhigte mich auch nicht mehr, aber diesen Brettern blieb ich fern. Die Kleine machte ihre ersten Gehversuche auf den Skiern und ich hatte mein Vergnügen. Die Mutter war mit dem Kind beschäftigt, weil sie es bergauf tragen musste. Ich fand mich in einer Gruppe netter junger Holländer wieder, die ihre Bretter abgeschnallt hatten. Jeder wollte mich streicheln, ich genoss so viel Aufmerksamkeit. Da ich aber dann mal musste, weit und breit kein Baum war, hob ich mein Bein an einer schwarzen Säule, Erleichterung. ☺ Doch plötzlich schrie die mich an und lief davon.

Uupps, wie konnte das passieren? Die Leute kugelten sich vor Lachen. Einige hauten sich sogar auf den Boden vor Vergnügen, nur die Säule nicht, die schimpfte auf Holländisch. Ein seitlicher Blick zu meinem Frauli sagte mir, dass sie im Moment gerne im Schnee versunken wäre.

Als Entschädigung musste ich mich mit der Säule, die sich bei genauerer Betrachtung als eine Frau entpuppte, fotografieren lassen, nur gut, dass ich kein Namensschild trage. Ich wüsste zu gern, was auf dieses Urlaubserinnerungsfoto für ein Text geschrieben worden ist.

Einkehren mussten wir natürlich auch. Wir gingen in eine Berghütte, die zum Platzen voll mit Skifahrern war. Die Kleine wünschte sich Würstl mit Pommes. Ich hatte mir sogleich überlegt, was für ein Happen für mich abfallen würde. Nein, die Würstl waren es nicht. Aber Bergluft macht hungrig und so hab ich halt die kalten Kartoffelstücke runtergewürgt – ohne Ketchup.

Die Talfahrt mit dieser Monstergondel war noch schlimmer als die Bergfahrt. Obwohl, die Fahrt war es gar nicht, es waren die schlimmen Geräusche in der Station, vorm Einsteigen. Allein die Treppe dahin war schon unmöglich. Überall nur Gitterstufen, das war voll unangenehm. Diesmal kriegte mein Frauli mich nur mit viel Überredungskunst in die Gondel. Nachdem sie mich halbwegs beruhigt hatte, sagte sie: „Charles, wir müssen in diese Gondel einsteigen, es gibt keinen anderen Weg, zusammen hinunter zu kommen! Komm, gib dir einen Ruck, ich kann dich nicht dalassen!"

Sie ist halt doch eine Gute und irgendwie kriegt sie mich immer rum.

Beauty-Programm im Moorbad

Heute Nachmittag waren wir am Schwarzsee. Da sind wir im Sommer auch öfter – nur jetzt sieht ja alles anders aus. Das Wetter war wieder super und so stand die Wanderung um den kleinen See an. Die Kleine wollte Enten füttern, aber der See war zugefroren und keine Ente weit und breit.

Die Idee mit der Winterwanderung hatten viele andere Hundebesitzer auch. Hier dürfen die Hunde frei laufen, die Besitzer müssen nur ein „Gackerlsackerl*" mitnehmen, die gibt es am Anfang des Weges aus einem Spender zur freien Entnahme. Meine „Besitzerin" hat gleich drei Stück mitgenommen, ich weiß nicht, warum.

Der Wanderweg ist im Sommer recht schmal und führt hauptsächlich über Holzbrücken oder Stege, weil links und rechts der Boden moorig ist und man sofort einsinken würde. Jetzt war das supertoll, alles war gefroren, auch der moorige Boden, und so konnten wir Hunde uns richtig austoben. Ich hab heute so viele Freunde getroffen, bis auf einen alten Rüden, der mich wohl als Konkurrenz gesehen hat, waren alle sehr freundlich. Alle paar Meter durfte ich mit einem anderen Artgenossen toben.

Wie schon erwähnt, war auch der See zugefroren. Zum Wassertrinken hab ich mich ein paarmal auf das Eis gewagt. Auch auf der Sonnenseite bin ich mehrmals auf das Eis gesprungen, doch plötzlich – mein Frauli stieß einen Schrei aus! ☹ Das Eis brach direkt bei meinem Aufsprung und ich versank sofort mit meinem Hinterteil im See. Ich bin so erschrocken, mit großer Mühe konnte ich mich ans Ufer retten. Puh, war das kalt.

Noch ein Stück weiter unseres Weges, ganz am südlichen Ende des Schwarzsees, schwamm ganz einsam eine riesige weiße Ente majestätisch auf einem ganz kleinen, eisfreien Stück Wasser her-

---

* *Hundekot-Tüte*

um, da wo in einem kleinen Graben das Wasser abfließt. So ein interessantes Tier, alle Spaziergänger blieben stehen und beobachteten es von der Brücke aus.

Ich hab mich auf dem gefrorenen Boden von hinten ganz nah an das Tier herangewagt, um es genau betrachten zu können. Als ich mich zum Wassertrinken vorgebeugt habe, drehte sich der Vogel um, die Flügel weit ausgebreitet, fauchend wie der Köter unseres Vermieters, stürzte er auf mich los. Ich zuckte so heftig zusammen, dass ich mit meinen Vorderpfoten abgerutscht bin. Schon wieder bis zum Hals im See, nass bis auf die Knochen konnte ich mich gerade noch rechtzeitig vor dem weißen Ungeheuer retten. Ich war fix und alle, das war knapp!

Die Spaziergänger auf der Brücke haben nur schallend gelacht und meine Begleitung sagte nur: „Tja Charles, das ist ein Schwan, das musst du dir merken! Schwäne mögen keine Hunde!" Ich hab noch gehört, wie ein Mann fragte: „Der ist wohl noch sehr jung?" (Witzig ☹) Also ich für meinen Teil hatte die Schnauze gestrichen voll.

Auf dem Rückweg sind wir über ein Stoppelfeld von gemähtem Schilf gelaufen, mit einer dünnen Schneedecke drauf. Da hab ich die Sau rauslassen, ich hab mich gewälzt und gekugelt. Das war so was von angenehm – Massage, bürsten, waschen und kratzen – das volle Programm zur Fellpflege; aber auch so richtig Dampf ablassen, alles in einem Arbeitsgang. Frauli hat nur noch den Kopf geschüttelt und die Kleine hat immer „Aber Charles!" gerufen.

Bevor ich anschließend ins Auto einsteigen durfte, musste ich mich einer aufwändigen Abrubbelung mit einigen Putztüchern unterziehen. Unsere Putze geht niemals ohne ein Sammelsurium dieser Fetzen aus dem Haus. Die groben benötigt sie für mein Fell oder die Pfoten, die feineren sind für unser kleines Schleckermaul oder ihre klebrigen oder fettigen Finger, je nachdem, welche Jause eingepackt beziehungsweise ausgepackt wurde. Wenn Herrli das sehen würde, was die Schnecke immer in seinem Auto verspeist, der würde sich nicht mehr über ein paar Haare meines prächtigen Felles beschweren.

Das war ein ganz besonderer Urlaubstag für mich – ereignisreich, lehrreich (die Hundephobie dieser Vögel merk ich mir) und auch für Outfit und Fitness sehr einträglich.

Shopping

„Wir fahren in den Zoo und der Charles darf mit", verkündete die Kleine vergnügt.

Zoo? Was wird das wieder sein?

Bestimmt fad und langweilig für einen Junghund wie mich, wahrscheinlich so langweilig wie gestern das „Shopping". Einmal Shopping, nie wieder …! Jetzt kann ich auch die männlichen Bewohner unserer Wohngemeinschaft verstehen, jedes Mal, wenn der weibliche Teil von „Shopping" oder „Einkaufen" spricht, verdrehen sie die Augen und stellen sich taub.

Gestern also: wir hatten Besuch, eine nette Frau mit zwei Mädels im Schlepptau kam an, Bussi links, Bussi rechts, große Begrüßung, kurzes Palaver und dann: „Wir gehen shoppen!"

Allesamt in ein Auto gepackt inklusive Hund und los ging es. Eines der Mädchen sagte: „Warum nehmen wir den großen Hund auch mit? Ich habe Angst, beißt der?"

Nervig! ☹ Als ob bei der was G'schmackiges* dran wär! Und immer schaute sie mich so argwöhnisch von der Seite her an.

Auf der Fahrt im Auto ging es zu, so was hatte ich noch nicht erlebt! Klar, ich war noch nie in einem Stall – oh pardon, Auto – mit fünf gackernden Hühnern unterwegs gewesen und wenn es sich irgendwie vermeiden lässt, werde ich das auch nicht mehr tun! ☹

Kaum angekommen, sprangen sie alle raus aus dem Karren und konnten es kaum erwarten, sich in diesen riesigen Kaufpark zu stürzen. Das hab ich noch gebraucht, ich dachte eigentlich, ich könnte Siesta halten. Aber nein, der Kofferraum ging auf, mein Frauli leinte mich an und ich musste mit ins Gewühl.

Über gläserne Drehscheiben kam man ins Innere des Ladens, Leute, wohin das Auge reichte, und Dinge wurden dort angeboten – zuhauf! Möchte wissen, wer so viel Ramsch brauchen kann.

---

* *Leckeres*

So viele Farben hatte ich noch nicht gesehen, vom Boden bis zur Decke gab es hier Unmengen zu schauen. Und Stiegen* gab es da. Nicht so solide gebaut wie zuhause, nein, die bewegten sich ständig. Frauli meinte doch tatsächlich, sie könnte mich auf so einer rollenden Treppe mit nach oben befördern. Da half kein Bitten und kein Betteln und Schimpfen erst recht nicht. Nachdem sich eine Menschentraube hinter uns gebildet hatte, die alle auf mich oder meine Chefin einredeten, nahmen wir den Aufzug.

Aufzug fahren kannte ich schon, das sind die geschlossenen Räume, die sich sanft heben oder senken, das ist okay.

Wohin war ich hier nur geraten? Einen Käfig voller Narren?!

Als dann endlich alle etwas in Einkaufstüten und Sackerl** abgefüllt in Händen hielten, genossen die Damen einen gemütlichen Kaffee (in der stickigen Luft), die Mädels ein Eis und ich …? Genau, eine Schüssel Wasser. ☺ Die Damen plauderten angeregt und sahen dem bunten Treiben auf den Gängen zu. Die Kinder kicherten und patzten*** mit dem Eis und ich wusste endlich was Oma meinte, als sie einmal sagte: „Gottes Tiergarten ist groß!“ So alte Leute haben's echt drauf!

---

* *Treppen*

** *Taschen*

*** *kleckern*

Besuch im Alpenzoo

Schlimmer als gestern konnte es kaum kommen …

Dasselbe Szenario: alle Mädels ins Auto, Hund auch, argwöhnische Blicke nach hinten von der mit den Zöpfen, ich machte mich klein.

Die Autofahrt, das bemerkte ich gleich, ging in Richtung „Pampa". Na, vielleicht würde das dann doch eher was für mich werden, außerdem war mir aufgefallen, dass sich das Schuhwerk der Damenwelt heute drastisch geändert hatte: Heute war bequem angesagt.

Wir fuhren auf einen Berg, reihten uns in eine Parklücke, bei traumhaftem Wetter und noch dazu auf der Sonnenseite stiegen wir aus. Hier war leider auch kein Schnee. Aber daran hatten wir uns in diesem Winter schon gewöhnt.

Düfte lagen da in der Luft, ich kriegte mich kaum ein. Frauli legte mir gleich mal wieder die Leine an, deren Länge ich total ausnutzte, was mir aber auch sofort Rügen einbrachte: „Charles, wenn du nicht aufhörst zu ziehen, kannst gleich im Kofferraum bleiben!" Uupps. ☺ Nein, ich wollte schon wissen, was da alles so duftete.

Unsere kleine Gruppe musste Eintritt zahlen, nur ich war frei. „Aber dass Sie ihn nicht von der Leine lassen!", schrie uns die Frau aus dem Häuschen nach.

„Tiergarten" stand auf dem Schild. Ach so, das ist ein großer Garten, in dem viele Tiere sind – ja, da war ich richtig, das würde sicher toll werden.

Und so war es auch. Nachdem wir das schwimmende Federvieh und den Teich passiert hatten, sah ich sie endlich – auf dem großen Hang waren unglaublich viele Geweihträger mit ihren Familien verteilt.

Frauli erklärte den Kindern: „Das sind Hirsche mit ihren Hirschkühen und Kälbern, weiter vorne könnt ihr eine Gruppe Dammwild sehen und da unten laufen jede Menge Esel, Ziegenböcke und Ziegen mit ihren Zicklein und viele Schafe herum."

Es war ein riesiges Gehege, durch das wir spazierten, und die Tiere lebten hier völlig frei. Ich war total aufgeregt, es gab so viele neue Gerüche für mich und so viele Tiere, die ich noch nie gesehen hatte.

Unsere Wanderung führte uns an ein Haus mit einem hohen Zaun davor. Dahinter hüpften aufgeregt drei Affen herum, so eigenartige, aber sehr geschickte Viecher hatte ich auch noch nicht gesehen. Die hingen an ihren Füßen kopfüber an Seilen und Ästen. Als wir alle so davorstanden und reinschauten, sprang plötzlich der Größere direkt auf mich zu und hielt sich am Zaun fest. Die Kinder und ich sind so erschrocken, dass mir ein „Wup Wup" rausplatzte. Daraufhin fing der unverschämte Kerl an zu quietschen, haute sich mit einer Hand (oder Pfote) dreimal auf den Kopf und die andere stopfte er sich ins Maul, als wollte er sagen: „Halt die Klappe, du Trottel!" Ich wusste gar nicht, was ich dazu sagen sollte, aber alle anderen kugelten sich vor Lachen.

Wir zogen weiter den Berg hinauf und besuchten zwei riesige, stinkende Schweine, die inmitten von Dreck in der Sonne Siesta hielten. Dann kamen wir zu großen Kühen mit ganz langem Fell, die ebenfalls keine Notiz von uns nahmen und schliefen. So ein faules Volk hier, ich dachte, wir haben für Action bezahlt?! ☹

Und wieder kamen wir zu einem Haus, da waren zwei schöne große Katzen drin. Sie hatten ein paar Fransen an den Ohren und beinah so große Pfoten wie ich. Als mich einer dieser Luchse entdeckte, kam er ganz nah zum Zaun, machte einen Buckel und fauchte und grollte mich an, dass ich es mit der Angst zu tun bekam. Man konnte meinen, der wollte mir das Fell über die Ohren ziehen. Da wollte ich so schnell wie möglich weg, das hätte mir grad noch gefehlt.

Als Nächstes ging der Weg direkt an den Herden mit Rotwild vorbei. Komisch, die ganze Zeit hatten sie faul in der Sonne gelegen, aber kaum kam ich mit meiner Familie an, standen sie alle auf und schauten zu uns herüber. Die waren ganz schön mächtig, wie die sich so in voller Größe präsentierten, also, da wurde mir schon etwas komisch in der Magengegend. Ich wurde das Gefühl nicht los, dass ich hier nicht willkommen war.

Weiter des Weges stand ein Schild „Streichelzoo“. Die Kinder jubelten, da gab es jede Menge Kaninchen, Hasen, Meerschweinchen und Zwerghühner. Die Kinder stürmten los und ich wollte hinterher ☺ – doch Frauli hatte mich am Zaun angebunden und da musste ich jetzt hängen bleiben – ausgerechnet jetzt, wo es mal so richtig zur Sache hätte gehen können! Die Kinder konnten gar nicht genug kriegen und hatten ihren Spaß und ich langweilte mich fast zu Tode.

Endlich zogen wir weiter, wir kamen zu den Ziegen und Schafen. Das gefiel mir nun auch, viele hatten so meine Größe und Angst schienen sie auch keine zu haben. Einige kamen näher und ließen sich beschnuppern. Eine schwarz gefleckte Ziege mit ihren zwei weißen Zicklein kam auch auf mich zu, Auge in Auge standen wir uns gegenüber und schnupperten, doch plötzlich steckte sie den Kopf ein und boxte mir völlig unerwartet auf den Schädel, dass er brummte.

Das letzte Haus vor dem Ausgang schien leer zu sein, von weitem konnten wir gar nichts sehen, aber es roch doch sehr streng. Wir gingen näher heran und die Große schrie: „Schaut her, ein Lama!“ Um es auch sehen zu können, sprang ich mit meinen Vorderpfoten hoch und schaute durch den Zaun hinein.

Onkel Sam hatte mir einmal geschrieben, dass er neue Freunde hatte, das mussten sie sein. Ja, da standen ein braunes und ein weißes pferdeähnliches Tier. Der Braune schien sich für mich zu interessieren und schaute mir tief in die Augen. Ich hörte grad noch, wie Frauli sagte: „Pass auf, Charles!“

Platsch! – traf mich direkt auf der Schnauze ein eklig warmer Schleim! Pah, das Teil hatte mich angespuckt! ☹

Gelächter überall, angeblich waren Lamas bekannt dafür, dass sie spuckten, aber mich hatte keiner aufgeklärt. Als mich dann auch noch die Esel bis zum Drehkreuz des Ausgangs verfolgten, hatte ich genug, nur raus hier!

Frauli konnte sich das nur so erklären, dass die Tiere keine Hunde gewohnt waren, weil den restlichen Besuchern gegenüber alle Tiere ausgesprochen ruhig und gleichgültig waren.

Natürlich gab es nach der anstrengenden Tour für alle wieder Erfrischungen. Das kennen wir nun ja schon, die älteren Damen schlürfen vergnüglich Kaffee, die jüngeren trinken Saft und ich ...

Auf dem Weg zum Auto durfte ich nun endlich von der Leine. Schließlich waren wir außerhalb des Zoogeländes, aber ☺ – und das hatte mein Frauli nicht bedacht – das Ganze hier war auch ein Bauernhof und auf einem Bauernhof gibt es bekanntlich auch Tiere. Die Mädels schlenderten tratschend zum Auto und ich machte mich heimlich aus dem Staub.

Erst als das hysterische Gegacker der Hühner zu laut wurde, fiel es meiner Chefin wie Schuppen von den Augen, sie schrie: „Charles hier!"

Ich hatte es gehört, rannte sofort brav zu meinem Frauli, die Bäuerin mit einem langen Werkzeug hinterher (ich hätte mich sowieso gleich aus dem Staub gemacht, da die Situation brenzlig wurde; die verstehen hier ja gar keinen Spaß).

Zum Glück war der Kofferraum schon offen, der Motor lief und sogleich schlummerte ich weg. Ich träumte von den wilden Tieren, mit denen ich es heute aufnehmen musste, um meine Familie zu verteidigen, unter tapferem Einsatz meines eigenen Lebens ... Ich bin wieder um einige Erfahrungen reicher und reifer!

Der Ernst des Lebens

Oje, oje, ojemine …

Da gibt es eine Frau, die Andrea, ich kenne sie schon eine ganze Weile, sie kommt öfter mal zu uns auf Besuch. Sie hat selbst einen Sennenhundemischling namens Leo. Das wäre alles nicht so ungewöhnlich, aber sie ist Tierkommunikatorin – was immer das auch ist, sie ist recht nett. Als Herrli sagte, dass Andrea am Sonntagnachmittag kommt, dachte ich mir: „Supi! ☺ Dann kann ich mit dem Leo spielen!“ Ihr Mann streichelt mir immer ein Loch ins Fell – ich liebe es!

Aber diesmal war alles anders. Andrea kam allein. Sie hatte einen Korb mit Utensilien mit, unter anderem eine sehr lange Leine. Zuerst hat sie sich alles angeschaut. Wo wir wohnen, wo mein Platz ist, die Küche, den Garten und vieles mehr. Gesprochen hat sie gar nichts und schon gar nicht mit mir. Sehr komisch – Tierkommunikatorin – sollte die nicht hauptsächlich mit mir reden?

Später hat sie mich an die Leine genommen und ich musste mit ihr einige Übungen machen. Normalerweise mach ich das ja nicht so gerne. Na ja, nur wenn's unbedingt sein muss – wenn mein Herrli schon ganz grimmig schaut oder wenn in einer Hand ein Leckerli lacht. ☺ Immer schön locker bleiben – das ist meine Devise.

Also die Andrea: Sitz, bleib, hier, komm und lauf und sitz! Mir war schon ganz schwindlig, aber es war noch lange nicht Schluss, weil jetzt war erst mein Herrli dran und der machte alles genauso! Alles! ☹ Sitz, bleib, hier, lauf, sitz!

Und die ganze Anstrengung ohne Leckerlis. Irgendwann hab ich angefangen zu gähnen und das war meine Rettung – „Leistungsabfall, Abbruch! – Wir dürfen ihn auch nicht überfordern“, hat die Andrea gesagt.

Pah, da lach ich aber, ich bin ein guter Schauspieler, das ist alles! Von Leistungsabfall war nichts mehr zu sehen, als der Leo kam, weil dann ging die Post ab! Wir haben supertoll gespielt und den halben Garten umgegraben. In der Zwischenzeit haben die Trainerin und meine Familie Kaffee getrunken und sich ausgetauscht. Es ging um mich (das bin ich ja gewohnt, ich stehe ständig im Mittelpunkt ☺) und Andrea hat mit ihren guten Tipps nicht gespart.

Die ersten Auswirkungen zeichnen sich schon ab.

Neuerdings darf ich nicht mehr zur Tür rausplatzen, wenn sie aufgeht, nein, jetzt muss ich mich zuerst hinsetzen … und warten … dann geht zuerst mal Herrli und/oder Frauli raus und dann erst, wenn ich aufgefordert werde, darf ich hinausgehen.

Wenn mein Herrl heimkommt, begrüßt er zuerst die anderen Familienmitglieder oder geht sich einfach umziehen und erst dann ist schmusen mit Charles angesagt. Über diese Rollenverteilung müssen wir aber noch diskutieren – ob ich das so hinnehmen kann?

Beim Spazierengehen muss ich jetzt aufpassen, ob die Familie noch hinter mir ist, weil plötzlich drehen die einfach ohne eine Ton zu sagen um oder sie ändern die Richtung. Früher haben sie das rechtzeitig angekündigt, da wusste ich immer, wo sie sind.

Und das Schlimmste ist das Ablegen. Muss man sich mal vorstellen: mein Herrl sagt irgendwo auf der Wiese oder auf einem Wanderweg „Platz" und „Bleib". Dann geht er einfach weiter, manchmal so weit, dass ich ihn gar nicht mehr sehen kann. Irgendwann ruft er mich dann. Ich finde das unverantwortlich und schlichtweg blöd. ☹ Was, wenn er mich irgendwann vergisst oder wenn ihm unterwegs etwas zustößt? Dann liege ich bis zum Nimmerleinstag? Ich kann mir einfach nicht vorstellen, was das bringen soll.

Wie es aussieht, werde ich nie wie meine Geschwister in die Hundeschule gehen dürfen. Dabei hatte ich mir das schon so schön ausgemalt, da würde der „Punk" abgehen, ich unter einem Haufen Gleichgesinnter (bestimmt umringt von einer Schar flotter Mädels …).

Aber leider hat meine Familie zu den Zeiten, wo die Hundeschulen aus unserer Gegend arbeiten, keine Zeit. Deshalb bekomme ich eine private Trainerin verpasst. Für nächste Woche ist wieder ein Termin geplant, bin wirklich schon gespannt, was mich da erwartet?! Das mit dem Gähnen merk ich mir auf alle Fälle. ☺

Ein Geschenk des Himmels

Heute fuhren wir in die Stadt. Eigentlich ist es ein kleines Städtchen und wir gingen die Fußgängerzone hinauf. Da traf es mich plötzlich wie der Blitz: Aus einem Geschäft kam ein mir bekannter Mann und dann tauchte sie auf, „meine Susi".

Diese Naturgewalt – ein fünftes Element – als hätten Wasser, Erde, Feuer und Luft sich vereint, kam auf mich zu. Mit großen Augen stand ich wie angewurzelt da. Susi sprang auf mich zu, begrüßte mich überschwänglich und wir purzelten, knuddelten und schmusten inmitten der Leute auf dem Gehweg.

Worte wie schön und umwerfend reichten in diesem Fall nicht aus. Ich habe gar nicht diesen Wortschatz, den ich hier benötige, um dieses wunderbare Wesen und meine Gefühle zu beschreiben. Ich wünschte, der Moment würde nie zu Ende gehen, und doch sagte ihr Herrli: „Komm Susi, wir müssen los!"

Schweren Herzens nahmen wir Abschied, noch ein Bussi und noch mal Nasestupseln, lange schaute ich ihr noch nach, so lange, bis Frauli sagte: „Komm Charles, es hilft nichts, wir müssen auch weiter." Hoffentlich werd' ich sie wiederseh'n …

Eingesperrt

Morgens, wenn mein Herrli aus dem Haus muss, stellt er mir noch mein Fressen in die große Abstellkammer. Während ich fresse, hör ich noch ein „Tschüss und stell nix an!" Ich fresse immer so schnell, noch kann ich mir das nicht gemütlicher angewöhnen, außerdem, wofür auch, mein Magen ist groß, da hat es auch auf einmal Platz und mal ganz offen gesagt – so viel krieg ich eh nicht. Jedenfalls fallen immer einige Futterkugerl auf die Seite und das ist meine Vormittagsration.

So auch heute, nach einem kleinen Nickerchen merkte ich, dass in der Magengegend noch einige Fältchen nicht ausgefüllt waren, deshalb ging ich in den Raum meine Reste fressen. Die Wasserschüssel stand auch da.

So ausgeschlafen und satt gefressen überlegte ich mir dann, wie ich so meinen Vormittag verbringen könnte. Herrlis Schuhe anknabbern war lange meine Lieblingsbeschäftigung, aber das haben die mir inzwischen abgewöhnt. Frauli hat doch tatsächlich hinterhältigerweise Pfeffer reingestreut.

Dem Besen hab ich einmal die Borsten ausgerissen, das war lustig. ☺ (einmal! ☹) Ein andermal hab ich die Putzfetzen (Bodentuch) auseinandergenommen. Das war eine Arbeit, da muss man mit den Zähnen ganz vorsichtig Faden für Faden rausziehen, so dass keiner abreißt. Ich hatte mir so große Mühe gegeben und hab trotzdem kein Lob geerntet! Ja, manchmal denk ich schon, ich bin zu gut für diese Familie, die wissen gar nicht, was sie an mir haben.

Na, und heute hatte ich eine besonders tolle Idee. Mein Herrli hat so einen edlen Türstopper heimgebracht, der dafür sorgt, dass die Tür nicht zufällt, so dass ich immer zur Wasserschüssel komme. Den hab ich mir mal genauer angesehen, da waren drei Gummiringe drum und der hatte als Abstellfläche eine Gummimatte. Und ich dachte, das wäre wie bei Viktoria mit den Gummibären – wenn du einmal damit anfängst, kannst du nicht mehr aufhören. Und so habe ich – weil auch genügend Zeit, Frauli holt mich immer erst zu Mittag – die einzelnen Gummiteile fein säuberlich heruntergezogen und gekaut. Als ich mit meiner Arbeit fertig war, musste ich feststellen, dass die Tür nicht mehr aufging. Stopper weg – Tür zu!

Zu Mittag hörte ich, wie Frauli ins Haus kam und mich rief. Ganz aufgeregt vor Freude hielt ich die Luft an und war ganz still. Ich hörte sie in die Küche gehen, ins Wohnzimmer, hinten raus in die Scheune. Einige Male hat sie mich gerufen und ich getraute mich fast nicht zu atmen, damit ich ja nichts überhörte. Und dann: Haustür zu und Ruhe!

„Oh mein Gott", dachte ich mir, „jetzt muss ich hier den ganzen Tag bleiben, da werd' ich ja verrückt!"

Es dauerte aber nicht lange, dann kam sie wieder. Sie hat mich wieder gerufen und diesmal war ich nicht so blöd, ich hab gleich angefangen zu jammern und so hat sie mich auch gefunden und gerettet.

Auf der Baustelle

Unser altes Bauernhaus wird „saniert“ – ich weiß nicht, was genau damit gemeint ist, aber es ist lustig. Die Familie ist schon einige Tage damit beschäftigt, aus dem alten Stallgebäude und aus dem Heuboden den Staub und Dreck zu entfernen. Es ist wie ein großer Erlebnisspielplatz. Überall wird gearbeitet, mit Besen und Schaufel hantiert, auf dem Schuttplatz abgeladen oder auf der Feuerstelle draußen auf der Wiese verbrannt.

Was man unter dem jahrhundertealten Zeugs alles entdeckt, ist unglaublich. Ich hab einen antiquarischen Schuh mit vielen Nägeln drin und eine witzige, bocksteife Lederhose gefunden. Beides habe ich sicherheitshalber mal vor den Flammen gerettet, wenn ich wieder mal kein Kaustangerl bekomme, dann werde ich meine Fundstücke vernichten.

Die Fanny – wie könnte es anders sein – hat zwei vertrocknete Mäuse gefunden, die Haut hart wie Leder und keine Haare mehr drauf. Dem Aussehen nach sind die verhungert. Eklig, aber die Fanny hat sich gefreut und sie in Herrlis Blumenbeet vergraben – für schlechte Zeiten bestimmt.

Die Oma und ich gehörten zum Bodenpersonal, weil wir beide keine Leiter raufsteigen können. Da der Dreck von oben kam, sahen wir auch entsprechend aus. Die Oma war kaum wiederzuerkennen, gut, dass sie so ein unverkennbares Sprachorgan hat, ansonsten hätte ich mich vor ihr gefürchtet. Normalerweise fällt bei meinem Fell der Dreck ja eher ab und spätestens wenn ich mich in der Wiese wälze, bin ich wieder schön, aber heute? ☹ Wir hatten Nieselregen und der ganze Dreck hat sich auf meinem Fell regelrecht festgepappt. Überall juckte und stach es mich, es hilft eigentlich nur, wenn ich mich ins nasse Gras schmeiße und so richtig abschrubbe. Ich weiß nicht, was da anders war als sonst, auf jeden Fall war ich heute von oben bis unten lettig* und dreckig und bis auf die Haut verklebt.

Herrli musste vor dem Schlafengehen noch das komplette Reinigungsprogramm bei mir abspulen, ansonsten durfte ich sicher nicht ins Haus. Und ich wollte mir auch nicht meinen Schlafplatz versauen.

---

* *voller Morast, Schlamm*

Mei lieabste Speis – mein Lieblingsfresschen

Mein Frauli ist ein Schatz und zudem kocht sie auch noch gut. Ich kriege ja kaum etwas davon mit, beziehungsweise davon ab. Nur ab und zu, wenn es so spezielle Menüs gibt, mit Pute und Nudeln und so weiter, dann denkt sie an mich.

So eine Spezialität sind zum Beispiel Putenmedaillons „Mailänder Art" mit Butterspaghetti und Tomatenragout. Ich liebe es, da könnt' ich mich reinhängen ohne Ende. Die Gäste lassen manchmal was übrig und das tut mein bestes Stück für mich zur Seite und gibt es mir am Nachmittag heimlich.

Klar, würde mein Herrli das mitkriegen, würde er schon wieder mit dem *Weight Watchers*-Anmeldeformular nerven!

Er wundert sich ohnehin schon seit Tagen über meinen mangelnden Appetit, das ewige Einerlei, das er mir vorsetzt, hängt mir aber schon zu den Ohren raus, doch er übersieht das einfach. Nur weil er so ein Kostverächter ist, muss ich das nicht auch werden. In seinem Kühlschrank sind ein paar Joghurts, Margarine zum Bestreichen und ein paar Scheiben Brot, und damit kommt er Wochen aus.

Frauli meint aber, man darf die Nährstoffe aus den Flaschen nicht vergessen, die decken natürlich einiges ab. Sie sagt: „Fünf Bier sind wie ein Schnitzel und dann hast du aber noch nichts dazu getrunken!"

Also dass mein mangelnder Appetit daran nicht liegen kann, ist klar, weil zum Flaschenöffner komm ich nicht hoch.

Unsere Oma füttert nach wie vor die Hühner. Sie lädt alles, was so in der Küche beim Gemüseputzen an Abfällen anfällt, und auch sonstige Reste ordentlich auf den Komposthaufen. Jeder weiß, dass wir seit geraumer Zeit keine Hühner mehr haben, jeder weiß auch warum (ich hab sie gefressen – ich bekenne das nur an dieser Stelle, falls ein Leser die Geschichte vom Hühnerdieb nicht kennt).

Da ich jetzt schon ein ausgewachsener Berner bin, macht mir der Zaun um den Komposthaufen mit knapp einem Meter Höhe wirklich keine Mühe mehr und so hab ich mir angewöhnt, täglich ein- bis zweimal nachzusehen, was er so Neues bietet. Ich liebe Nudeln und auch gekochte kalte Kartoffeln ziehe ich dem Einheitsbrei von meinem Brötchengeber vor. Und manchmal hab ich echt Glück und finde die abgekochten Reste der Suppe. Ja, so zweimal am Tag muss ich schon nachschauen, weil die Vögel der Gegend kennen Omas Gewohnheiten auch und versorgen ihre Kinderschar mit dem, was ich übriglasse.

Irgendwann wird er schon dahinterkommen und sich wer weiß was einfallen lassen – aber bis dahin lebe ich wie die Made im Speck!

Endlich mal wieder frei

Eigentlich sollte das mein Frauli sagen, weil ich eh sehr viel Freizeit hab. Von meinen morgendlichen Rundgängen abgesehen und dem Begrüßen der Gäste, beziehungsweise dem mich Streicheln und Bewundern lassen, hab ich echt „an Lenz" – so wie Fannys Herrli das kundtut.

Aber richtig frei ist eben nur, wenn Frauli auch Zeit hat, und dann machen wir immer was zusammen. Diesmal war Autofahren angesagt. Weil der Junior doch um die Fahrerlaubnis kämpft und dafür jeden Kilometer benötigt, fahren wir bei jeder Gelegenheit herum. Diesmal sollte die Reise etwas länger dauern, denn es wurden auch noch die Kleine und Proviant in Herrlis großes Auto eingepackt. Mein Brötchengeber war eh nicht zuhause, der bereiste wieder einmal die weite Welt.

„Wir fahren zur Weinbäuerin Gerti" hat die Kleine die ganze Strecke über bestimmt zwanzigmal gestammelt. Noch öfter hat sie gefragt, ob wir schon da sind. Unser Fahrer hat sich ganz auf den Verkehr konzentriert – zum Glück. Frauli hat sich schlafend gestellt und ich hab an mein Herrli gedacht: Irgendwann möchte ich schon wissen, wo das ist, „die weite Welt". Diesmal hab ich seine Abreise gar nicht mitgekriegt und ich hab echt ein schlechtes Gewissen, weil ich nicht zuhause war. Das kommt aber davon, weil er immer so kurzfristig die Koffer packt. Man kann sich mental gar nicht vorbereiten. Es müsste doch so sein, dass das Packen eines Koffers von langer Hand überlegt und sorgfältig durchdacht wird, mit System einfach. Aber nein, mein Herrli benötigt hierfür maximal zwanzig Minuten und weg ist er auch schon. Wie ich abends nach Hause kam, war er weg – ohne ein Wort.

Zuerst war ich total fertig und traurig! ☹ So über Nacht hab ich mir überlegt, dass aber auch die berühmten letzten Worte (die er sonst immer noch vom Auto aus von sich gibt und die ohnehin unnötig sind) nicht ausgesprochen wurden – nämlich: „Gib dem

Hund nicht zu viel zu fressen!" Also hatte dieses Übel sogar eine erträgliche Seite – die Futterration stimmte!

Als wir beim Weinbauern angekommen waren, war es schon Abend und es dämmerte bereits. Mark ging mit mir noch Gassi und richtete mir mein Schlafplätzchen im Auto ein. Beim Weinbauern war es nicht üblich, mit Hund anzukommen, aber was sollte mein Frauli machen? Ich kann glücklicherweise genauso wenig daheim bleiben wie unsere kleine Göre, die müssen wir auch immer mitnehmen. Oma und Opa haben mit sich selbst genug zu tun, da ist mehr als die Fanny nicht drin.

Frauli wollte mich also im Auto schlafen lassen, aber die Frau vom Weinbauern hat gesagt, ich könnte doch in der Sauna schlafen (die gerade in der Umbauphase ist). Bei diesem Gedanken bekam ich schon Schweißausbrüche. Zum Glück hatte der Weinbauer die zündende Idee: „Mark soll das Auto in den Hof fahren und da kann der Hund dann im offenen Kofferraum schlafen."

Gesagt, getan! Natürlich hab ich mich bei so viel Ehre vorbildlich benommen und mir auch sämtliche Aktivitäten verkniffen. Nicht einmal gebellt habe ich, nichts ausgegraben, nix gefunden und nix versteckt.

Als mein Frauli am frühen Morgen verschlafen zu mir kam, um mit mir den versprochenen Morgenspaziergang zu absolvieren, hatten wir nur eine kleine Hürde zu meistern, denn hier war alles, aber auch wirklich alles abgesperrt wie im Hochsicherheitstrakt von Alcatraz. Dabei haben die gar keine Oma, die so ängstlich alles verriegelt wie die unsere (der Mark behauptet, die Oma hat Angst, geklaut zu werden; aber unter uns gesagt: die Entführer würden sie sicher unten an der Brücke aussteigen lassen oder sogar wieder zurückbringen).

Nachdem wir schon zweimal von der vorderen Tür zur hinteren gelaufen waren und nun auch noch vor verriegeltem Garagentor standen, kam endlich die Rettung. Wohlgemerkt keine Minute zu früh, mir stand das Wasser schon in den Augen – wenn du weißt, was ich meine!

Da bog ein roter Seidenpyjama mit chinesischen Schriftzeichen und ein paar Filzpantoffeln um die Ecke. Drinnen steckte, kaum zu erkennen, der Weinbauer. Er hat uns etwas zugehustet, das ich nicht verstanden habe, aber egal, das Tor ging auf – elektrisch! Nichts wie raus und ... aahh! ☺

Nach dieser kleinen Hürde konnte unser Ausflug beginnen. Wie schon erwähnt, war es noch sehr früh und alles schlief hier. Zumindest um die Häuser herum war alles total ruhig, kein Hofhund war wach, keine Katze schlich rum, nur ein paar Vögel zwitscherten leise. Unser Weg führte uns durch enge Gassen an den Wohnhäusern vorbei über eine kleine Brücke ins buchstäblich weite Land. Und wenn ich weites Land sage, dann weil ich sowas noch nicht gesehen hab. So weit mein Auge reichte nur Felder, Äcker, hier und da eine Streuobstwiese, kleine Akazienwäldchen, Weingärten, die sich bis zum Horizont erstreckten und wieder Felder.

Da war es plötzlich aus mit der morgendlichen Ruhe! Hier steppte der Bär, oder wie man so schön sagt, hinter jedem Busch flitzte ein Hase raus oder gleich eine ganze Sippe und hinter jedem Stoppel auf den Feldern flatterte oder krächzte ein Fasan. So ein hektisches Treiben – die Fanny würde angesichts dieses Wuselns und dank ihres Jagdtriebes wahrscheinlich verrückt werden. Mich ließen sogar die sechs Rehe, die ganz aufgeschreckt unseren Weg kreuzten, kalt. Ich wollte nur gehen (Meter machen, wie mein Herrli sagt) und schnuppern. Was sich da alles tat! Und laut meiner Nase ist da nächtens noch mehr los.

Ich hab noch niemals so große Hasen gesehen. Und ich habe doch schon einige gesehen im Zoo in den Käfigen oder im Alpentiergarten hinter den Zäunen oder bei uns zuhause auf der Wiese, da kamen mir die Rehe kaum größer vor. Nur einen Zwerg haben wir auch gesehen. Wahrscheinlich hat er vor lauter Fressen vergessen wegzuhoppeln und als wir auf ihn zugingen, hat er sich ganz klein gemacht und tot gestellt. Um ehrlich zu sein, ich hätte ihn eh nicht gesehen, aber Frauli hat ja Augen wie ein Luchs. Sie hat mich ausgelacht und gemeint: „Charles, du blindes Huhn, du trittst noch auf ihn drauf!"

Mein Frauli ist ja nicht nur ein passabler Hundeführer, sondern auch eine Hobbygärtnerin. Ihr geschultes Auge nutzt jeden gemütlichen Spaziergang, um Kräuter und Wildgräser am Wegrand zu entdecken, die wir meist später mit dem Auto abholen. Wie immer hatte ich meine Nase ganz dicht dabei, schließlich muss ein guter Hund wissen, was Frauli so ausgraben will, und es könnte ja sein, dass sie es später gar nicht mehr findet. Die eine Pflanze hat mich so in der Nase gekitzelt, dass ich niesen musste, die andere stank so sehr, dass es mich ekelte. Mit Kamille, Ackerknoblauch und Hopfen will sie also ihr Kräuterbeet (damit meint sie sicher den Steinhaufen, der für mich tabu ist) bestücken.

Als wir von unserer Tour zurückkamen, duftete es schon nach Kaffee. Den hatte sich meine Kräuterhexe nun auch wirklich verdient. Ich bekam aber noch vorher meine Futterration und frisches Wasser, um mir dann ein Schläfchen zu gönnen.

Ich träumte von den vielen Osterhasen, die ich gesehen hatte, und stellte mir vor, wie sie für mich viele bunte Eier versteckten. In allen Geschmacksrichtungen: nach Schoko, Joghurt, Käse, Wurst und Hendl schmeckten sie, pah, eines schmeckte nach Ackerknoblauch – pfui – aus war der Traum, da war ich wieder wach!

Ich hörte gerade, wie die Chefin des Hauses sagte: „Das ist aber schon ein braver Hund“, da kam meine Familie und wir machten uns wieder auf den weiten Heimweg.

Zwischenstopp im Stadttierpark Haag

Frauli sagte zu unserem Chauffeur: „Komm, lass uns in Haag anhalten und Pause machen, die haben angeblich einen schönen Zoo.“ Alle waren dafür, Mark war eh schon ein bisschen müde. Das Wetter war phasenweise eine Katastrophe, zuerst hat es mal geregnet, so dass wir im Schneckentempo auf der Autobahn vorangekrochen sind. Die Kleine schrie: „Juhu, gehen wir Geißlein schauen!“ Frauli freute sich auf eine schöne Tasse Kaffee und mich fragte man nicht, aber Hauptsache, ich durfte mit.

Das Gelände war wirklich großzügig angelegt und es gab eine Menge Tiere, die ich nur aus Viktorias Kinderzimmer in stummer Stofftierform kannte. Da gab es beispielsweise richtige Braunbären, vier Stück an der Zahl, einer davon hat mit einem Bierfass gespielt als wäre es ein Plastikfläschchen, ich war kaum loszureißen von diesem Gehege. Außerdem hab ich viele Affen gesehen mit knallroten Hinterteilen, Wasserbüffel und einen richtigen Löwen, der hatte doppelt so große Pfoten wie ich, und seine Frau – beide konnten irgendwie die Augen nicht mehr von mir lassen. Ich kam mir vor wie ein Lunchpaket. Einen Panther hatten die auch und einen Luchs, aber mit so einem hatte ich ja schon das Vergnügen. Außerdem waren da noch Wildschweine, die sich aufgeführt haben wie … ja wie Schweine halt, aber viele Frischlinge hatten die und die waren süß. Dann gab es noch Mufflons, riesige Hirsche, Ziegen und Lamas. Diesmal blieb ich außerhalb der Schusslinie.

Ja, und wie könnte es anders sein, einen Spielplatz gab es auch. Viktoria hatte die sehr lange Rutsche entdeckt und unerschrocken wie sie ist, musste sie sofort drauf und eh die Mutter noch einen Ton sagen konnte, ging es schon bergab. Die Kleine konnte sich nicht mehr halten, ihr Flanellmantel ging ab wie die Post, unten angekommen flog sie in hohem Bogen durch die Luft und auf den Hintern. Das Geschrei war groß und somit unsere Erlebnistour zu Ende.

Nach einer langen Autofahrt durch alle Jahreszeiten sind wir endlich zuhause angekommen. Sofort ging ich nachschauen, ob mein Herrli daheim war. ☹ Leider nein, er war immer noch nicht da – seufz, hoffentlich nahm er mir nicht übel, dass ich nicht zuhause war bei seiner Abreise, aber dieses mal hab ich echt nicht gemerkt, dass so was im Busch ist, deshalb ging ich stiften.

Überraschungsbesuch in Kärnten

Nach einer ewig langen Autofahrt; aber das war ich ja nun schon gewohnt, Mark musste wohl sehr viel üben, kamen wir irgendwo in einem kleinen Ort mitten auf dem Land an. Frauli stieg aus und da hörte ich auch schon eine mir vertraute Stimme. Genau konnte ich sie noch nicht einordnen – aber der Geruch hier – nach was roch es da so angenehm und bekannt?

Mark schob das Auto rückwärts in den großen Hof und mein Frauli machte das Heck des Wagens auf. Da hörte ich sie: „Putzi?!" Jetzt wusste ich es, wir waren bei meiner Ziehmama in meinem alten Zuhause! ☺ Jubel, jubel, wie ich mich freute und meine Ziehmami auch.

Die Cora, meine Schwester, war auch da und wir fingen sofort an zu spielen und zu balgen. Sie war beinah so groß wie ich und ein hübsches Mädel geworden. Ja, echt hübsch muss ich sagen, dabei war sie immer so ein schmächtiges Würmerl gewesen. Kein Wunder, hab ich ihr doch bei jeder Gelegenheit ihre Portion verkleinert.

Einige Leute standen auch herum, aber davon nahm ich gar keine Notiz, Cora und ich rasten und kugelten durch den Hof. Zwischendurch musste ich mir öfters von meiner Ziehmama Streicheleinheiten abholen, die immer wieder erwähnte, was für ein gut gewachsener und schöner Rüde ich geworden bin. Schmelz ☺ – ich liebe sie. Als ich dann am Brunnen mein Bein hob, bekam ich gleich von Mark geschimpft, aber was wusste der schon, früher hab ich meine Laki* auch überall hingemacht und keiner hat sich aufgeregt. Außerdem war ich doch der einzige Mann hier im Hof. Nur die Sache mit dem Bein, das war anders.

Die fremden Leute gingen und meine Ziehmami kochte Kaffee für Frauli, Kärntner Reindling gab es auch und so war die Welt

---

* *Pfützen*

wieder in Ordnung und die lange Autofahrt vergessen. Die Cora und ich waren nun doch etwas erschöpft vom Spielen und etwas ruhiger geworden. Ziehmama sagte, sie kann nun die Anna holen, sie war derzeit etwas nervös und mochte es nicht, wenn es um sie herum so hektisch war. Meine Mama Anna! Vor lauter Spielen hätte ich beinah meine Mama vergessen. Da kam sie auch schon aus der Scheune – mein Gott war die dick geworden! Erst nachdem ich sie, beziehungsweise sie mich beschnuppert hatte, war ich mir sicher, dass sie das überhaupt war. Meine Ziehmama sagte: „Anna bekommt noch vor Ostern ihre Babys, die Leute vorhin waren da, weil sie einen Welpen möchten."

Das erklärte alles, warum sie so nervös und dick war, wir bekamen Geschwister. Leider mussten wir wieder nach Hause fahren und mein Frauli verteilte noch Leckerlis an Mama, Anna und Cora. Ich bekam von meiner Ziehmama eines dieser besonderen Leckerlis, die so extrem dufteten und wo der Mark immer die Nase rümpft. Mein Frauli bekam noch ein Ostergesteck geschenkt und schon ging es los heimwärts.

Ich machte es mir wieder hinten im Auto bequem und hing ein bisschen meinen Träumen nach, bevor ich fest einschlief.

Zehn Monate war es her, dass ich von hier weggegangen bin zu meiner neuen Familie und meinem Herrli. Ich weiß es noch, als wäre es gestern gewesen, wie ein großer fremder Mann zum Rolltor hereinkam und meine Ziehmami auf mich zuging, mich aufhob und diesem Mann in die Arme gab. Ich hab seinen Duft eingesaugt, mich an ihn gekuschelt und sofort gewusst: das ist er „mein Herrl".

Vieles hab ich in dieser Zeit erlebt und gelernt und an Erfahrungen gesammelt. Es ist wunderschön hier und der Geruch ist so toll, aber hier bleiben möchte ich nicht mehr. Bin ich doch jetzt ein großer Kerl und hab meinen Platz gefunden, meine Aufgaben, meine liebe Familie und vor allem mein Herrl!

Frohe Ostern

Gestern am Karsamstag stellte mein Frauli das Geschenk von meiner Kärntner Ziehmama zu Dekorationszwecken vor die Haustür. Ein schönes Gesteck aus Heu mit Eierschalen und Blumen und einer Henne. So ein kleines Henderl mit richtigen Federn! Dass ich dem nicht widerstehen konnte, versteht sich von selbst. Nun gut, am Abend hat dann mein Lieblingsfrauli das gerupfte Etwas auf Raten gefunden. Sie hat ihre grimmige Miene aufgesetzt und etwas Unverständliches gemurmelt, während sie die Überreste beseitigt hat.

Heute in der Früh, als ich ausgelassen und hungrig von meiner Runde zurückkam, stand das Geschenk immer noch da, ohne Henderl, aber immer noch recht schön. Ich hab es ein wenig abgesucht, hätte ja sein können, dass der Osterhase wieder ein Federvieh deponiert hatte. Nein, hatte er nicht, aber …

Wie ich so meine Nase in dieses schöne Präsent steckte, da roch ich erst diesen wunderbaren Duft, der mir von Welpenbeinen an sehr vertraut ist. Es roch nach Heu. Und da überkam es mich! ☺ Ich schnappte mir das Teil, trug es auf meinen Platz (das ist übrigens eine große Matratze, die man (= Oma) für mich in der Garage platziert hat) und liebkoste das Heugeschenk. Ich steckte meine Nase ganz tief hinein, ich legte mich drauf und wälzte mich auf diesem Teil, bis es flach war, dann zupfte ich es auseinander, bis ich viele kleine Stücke und noch mehr Freude hatte. Die kleinen Teile verteilte ich um mich herum, als wollte ich ein Nest bauen … Herrlich! ☺

Doch dann kam mein Frauli aus dem Haus, um ihre morgendliche Zeitung zu holen; ein Aufschrei! Uups!? Was mag sie nun so erschreckt haben? Das Heu oder ich als Henne? Irgendetwas hat sie jetzt nicht richtig gereiht. Darüber zu diskutieren wäre allerdings in solchen Momenten völlig zwecklos. Ich machte mich am besten ganz, ganz klein und hoffte, dass dieser Kelch (sprich

Donnerwetter) an mir vorübergehen würde. Das dauerte und dauerte natürlich so lange, bis sie die ganzen Einzelstücke zusammengesucht hatte und diese dann endlich in der Mülltonne ihren Frieden finden konnten. Mit einem strafenden Blick schnappte sie sich ihre Zeitung und verschwand. Das hieß für mich endlich schlafen.

Kurz vor Mittag hörte ich die Kleine aufgeregt schreien: „Mama, Mama der Osterhase war da!“ Diese Tatsache ließ auch mich nicht kalt und so machte ich mich auf den Weg durch den Garten. Schließlich muss ein guter Hund wissen, was sich so auf dem Gelände tut. Ein wenig überrascht wäre ich schon gewesen, weil üblicherweise kam hier nichts unbemerkt vorbei und schon gar kein Hase. Ich hab nur meinen Feldwebel und die Oma mit je einem Korb um die Büsche streifen sehen.

Hasen und auch Hasenspuren konnte ich keine finden, dafür aber jede Menge bunt bemalter Eier und viele Süßigkeiten. Ich konnte die Nase noch so tief in diese Ansammlungen von buntem Zeug stecken und auch davor und dahinter graben – weit und breit kein Hase – nicht mal die Spur davon.

Guter Dinge und endlich satt (weil zur Strafe musste ich heute auf mein Futter verzichten) legte ich mich wieder brav auf meinen Platz. Nicht lange – plötzlich hörte ich mein Frauli schreien: „Charles! Ich reiß dir den Kopf ab! Oje, was war jetzt schon wieder los – hatte das mit Ostern und Auferstehung zu tun? Mit lauten Schritten kam sie um die Ecke und schrie … vergebens, ich hab mich nämlich verkrümelt, ich dachte, es ist besser, ich verkriech mich bis dieser Ostersonntag Geschichte ist. Frohe Ostern!

Das Familiensilber

Nun ja, das Osterfest war vorbei! Mein Frauli war aber immer noch nicht gut auf mich zu sprechen, da war die Sache mit dem Huhn und dann mit dem Hasen … weil ich doch im Moment so viele Freundinnen zu betreuen habe und manchmal nicht zuhause bin, hält man (= Frauli) mich etwas kürzer. Genau definiert: acht Meter kurz an einem Strick, den sie an der Dachrinne angebunden hat, in der Nähe der Matratze, die in der Garage liegt. Acht Meter sind wenig; wenn man als höflicher Hofhund vorübergehende Spaziergänger begrüßen möchte, ist das gar nix. Damit komm ich kaum auf die Einfahrt, geschweige denn an den Straßenrand. Da kann es schon vorkommen, dass man mit Hilfe der Dachrinne einen halben Meter gewinnt, wenn so ein Wonneproppen, wie ich einer bin, lang genug daran zerrt. Einen Tag darauf wurde der Strick umgehängt und mit einem Mauerhaken direkt neben meiner Matratze befestigt.

Acht Meter sind aber viel; wenn ich mein Laki machen möchte, komme ich da ganz leicht auf den Rasen vor dem Hauseingang, schließlich muss ich auch einmal und außerdem und überhaupt kann ich nicht warten, bis man mich wieder in die Freiheit entlässt. Wenn so eine Frau mal einen Grant hat …

Acht Meter sind aber ganz schön kurz, wenn man beim Zurückgehen vom Haxlheben* an dem komischen Besen, den man hier in der Gegend Palmbuschen nennt, auf der anderen Seite entlanggeht und somit die lange Leine auch noch halbiert. Diesen Palmbuschen hat die Familie feierlich vor ein paar Tagen von der Kirche heimgebracht und dann im Garten platziert. Und die Zeit, bis hier mal jemand daherkommt, um einen wieder zu befreien, ist eindeutig zu lang.

---

* *Beinheben*

Und so kann es vorkommen, dass, wenn man sich an den Palmbuschen anlehnt, der einfach nachgibt, und wenn er schon da liegt, kann er einem auch gleich die Zeit vertreiben. – So zupfte ich etwas herum. Das Grünzeug da drauf war außerdem eh schon lange nicht mehr grün, sondern grau und rupfig und es stach, was mich aber nicht abhielt, sondern auch noch zornig machte. Jedes Mal, wenn ich mit meiner Schnauze an den trockenen Buschen komme, tut das nämlich höllisch weh. Aber nicht mehr lange, dann hab ich ihn fertig gemacht, diesen alten Palmbuschen.

Gerade wollte ich wieder zubeißen, da kam mein Frauli wie der böse Wolf aus dem Haus geschossen. Ich hab einen Schreck gekriegt! Wie eine wild gewordene Löwin stürzte sie sich auf mich, riss mir die Überreste aus den Klauen und haute mir das Zeug auch noch um die Ohren. Was sie gesagt hat, hab ich in der Aufregung nicht recht verstanden, aber irgendwie bekam ich den Eindruck, als hätte ich gerade das Familiensilber vernichtet.

Die Grillsaison ist eröffnet

Zu Mittag verkündete mein Herrl mit fast glühender Leidenschaft in seinem Blick: „Heute Abend grillen wir!" Alle schrien sofort „Super!" und auch die Aufgaben waren im Nu verteilt. Bestimmt hat meine Familie das schon öfter gemacht.

Anscheinend war Grillen reine Männersache, Frauli konnte sich heute ausruhen.

Am späten Nachmittag schien es allerdings so, als hätte Frauli mit den Kleinigkeiten, die dazugehörten, alle Hände voll zu tun: sie marinierte die Steaks, kühlte Getränke ein, putzte den Salat, machte die Saucen, schnitt das Brot und deckte den Tisch. Ich beobachtete es so nebenbei, weil schließlich gehörte ich ja zur Männerliga und die hatten heute den wichtigsten Job.

Ich folgte meinem Herrl auf Schritt und Tritt, konnte ja sein, dass ich mit diesen Aufgaben einmal allein betraut wurde, wer weiß. Wir holten einen Sack Grillkohle aus dem Schuppen, ich trug das Paket mit den Anzündern und Mark nahm etwas vom kleinen Holz mit. Gekonnt schichtete mein Herrl Kohle, Holz und Anzünder in den Betonklotz im Garten. Endlich wusste ich, wofür dieses Teil das ganze Jahr über hier steht. Ich dachte schon, es ist nur als Rastplatz für die Spatzen aufgestellt, die auf der Oberseite landen, bevor sie sich auf das Futterhäuschen stürzen.

Schon kam der Funken dazu. Es war ein erhabener Augenblick – das Feuer, wie es knisterte und rauchte. Und sehr interessant anzuschauen, wie Herrl versuchte, das Feuer zu beherrschen. Frauli murmelte etwas von Neandertalern und dass die wohl das Fleisch vorher erlegt haben, um es dann für die Sippe zu grillen. Na, da hat's mein Herrl heut schon etwas einfacher: das Fleisch gibt's im Geschäft und Frauli hat es heimgebracht und …

Auch wenn sich im Moment alle etwas zurückzogen und Frauli schnell nach drinnen rannte und alle Fenster schloss (wer konnte auch ahnen, dass gerade jetzt der Wind sich drehte), die Spannung stieg!

Übrigens muss ich nun schnell die Geschichte einfügen, die Frauli so gerne erzählt, wenn es um Fannys Jugendstreiche geht. Ich glaub, die hatte es auch faustdick hinter den Ohren, auch wenn sie jetzt die biedere alte Dame spielt. Es waren wieder die Spatzen, die – wie mich auch – schon Fanny fasziniert haben, wenn sie wirklich sehr frech und manchmal provokant direkt über dem Kopf fliegen, so dass man den Flügelschlag spüren kann.

Also: Frauli, Mark und Fanny arbeiteten im Garten; Fanny lag als halbwüchsiger Welpe schon über eine Stunde auf der Lauer, während die Federviecher sie mal wieder ärgerten. Plötzlich schnellte sie hoch wie eine Katze und hatte sogleich einen Spatz im Maul. Frauli direkt neben ihr erschrak und schrie erschrocken: „Fanny!" – in der Hoffnung, sie würde den Vogel wieder ausspucken. Aber Fanny, ebenfalls erschrocken über Fraulis Geschrei und wahrscheinlich auch über die Tatsache, dass sie nun wirklich so ein Luder erwischt hatte, schluckte ☺ – und weg war er, der Piepmatz. Ungläubig standen alle beisammen – Stille, und dann Gelächter. Die hatte doch tatsächlich den Vogel mitsamt Federn geschluckt.

So, bei uns rauchte und qualmte es mittlerweile schon kräftig. Herrli legte sich einiges an Werkzeug zurecht und die Hausfrau brachte bereits das vorbereitete Fleisch. Das Abenteuer Grillen konnte beginnen. Mir hing die Zunge raus und das Wasser lief mir im Mund zusammen bei dem Anblick von saftigen Steaks und bestimmt leckeren Würstchen, Hendlstücken und Cevapcici. Fachmännisch hantierte mein Herrl mit seinem Spezialwerkzeug, mit dem er die Fleischteile und was es sonst noch alles gab öfter wendete und begutachtete. Gespannt saß die Familie vor den leeren Tellern. Geduldig warteten sie, bis es endlich hieß: „Essen fassen!"

Nachdem alle Mann geschöpft hatten und sich auch Herrl zu Tisch begeben hatte, übernahm ich meine Rolle als Wachhund und bewachte die Reste, die noch auf der Feuerstelle brutzelten. Der große Grillmeister hatte es anscheinend zu gut gemeint, keiner wollte den Nachschlag haben und so nahm mein Herrl den Rost vom Feuer und meinte: „Bestimmt kriegt ihr später wieder Hunger."

Vollgestopft, mit spannenden Bäuchen, saßen sie nun bei Wein und Bier, keiner dachte daran, dass „Hund" auch Hunger haben könnte, so bediente ich mich selbst. Das schmeckte so herrlich, dass ich auch den Rost noch abschlecke, bis kein Krümelchen mehr dran war. Bei Lagerfeuerromantik ließ man den Abend ausklingen und alle gingen um Mitternacht zu Bett.

Das große Aufräumen war am frühen Morgen, dass diese undankbare Tätigkeit wieder an der Hausfrau hängenblieb, war klar – obwohl sie sich sehr darüber freute, dass Herrl wenigstens die Fleischplatten abgeräumt und den Rost schon geputzt hatte …

Wenn ich zu guter Stimmung beitragen kann, mach ich das doch sehr gerne!

Eine Höllenfahrt

Gestern arbeiteten alle im Garten. Wir haben so viele Steine in der Erde (Oma sagt, wir sind sozusagen „steinreich"), die mussten alle aufgesammelt werden, damit Rasen wachsen kann. Meine Hobbygärtner bearbeiteten das Land mit Rechen und Schaufel und ich durfte den lauen Abend genießen. Ich lag im hohen Gras in der Wiese nebenan und hielt ein Schläfchen.

Plötzlich startete mein Herrli den Traktor, der Lärm riss mich aus meinen süßen Träumen. Etwas verschlafen beobachtete ich, wie nun die Steine in die große Schaufel des Traktors geschöpft wurden und mein Herrl sich damit auf den Weg machte. Ohne ein Wort zu mir war er verschwunden, nur das Tuckern des Motors war noch eine Weile zu hören. Als es wieder ganz still geworden war, dachte ich so bei mir, wenn hier eh nix mehr los war, konnte ich doch eigentlich wieder mal meine Freundin besuchen. Und so machte auch ich mich auch auf den Weg.

Meine Freundin war leider nicht mehr draußen und deshalb schlich ich halt ein wenig ums Haus herum. Als ich grad um die Ecke der Terrasse bog, fuhr mein Herrl mit dem Traktor vom Wald herunter, ich drehte sofort um – zu spät!

Das Motorengeräusch verstummte, dafür hallte „Charles! ☹ Komm sofort her!" durch die Stille des schönen Abends – der prompt vorbei war.

Ich hab so getan, als wäre es eh normal, dass ich einen Spaziergang mache, schließlich hätte ich ihm auch in den Wald folgen wollen (können, wenn ich gewollt hätte, nur wie sollte er es wissen?) hätte aber den Weg nicht gefunden …

Mit bösem Blick hat er mich geschnappt und hochgehoben, er ging auf die Schaufel des Frontladers zu … Ich glaube fast, er wollte mich in dieses Mörderteil setzen, aber er hatte doch Erbarmen und hat mich in die Kabine des Führerhauses gehievt. Diese Mitfahrgelegenheit war nun wirklich nicht das, was ich sonst so gewohnt bin. Die Oma würde zwar sagen: „Besser schlecht gefahren, als gut gelaufen", dem kann ich aber nicht zustimmen.

Es hat mich durchgeschüttelt wie einen Milchshake auf den 30 Quadratzentimetern, die mir als Standfläche zur Verfügung standen. Wenigstens konnte ich nicht umfallen, schließlich war hinter mir ein Hebel, der mir ins Kreuz drückte, vor meiner Nase das Lenkrad. Außerdem glaub ich, mein Herrl ist extra wild gefahren. Hätte ich nicht so ein dichtes Fell, man hätte sicher gesehen, wie übel mir war.

Kaum zuhause angekommen hörte ich noch von wegen: „Sofort auf deinen Platz!" Das konnte er sich wirklich sparen, ich hatte für diesen Abend nichts mehr vor.

Krötenwanderung

Am frühen Nachmittag lud Frauli ihre Kinder und uns Hunde ins Auto ein mit den Worten: „Kommt, wir fahren an den Bergsee und wandern a bisserl!"

Der Spaziergang um den See war recht nett, die Fanny schwamm wieder einmal wie ein Weltmeister hinter jedem Stöckchen her, das ins Wasser flog. Natürlich stieg ich grad maximal bis zum Bauch in das eiskalte Wasser. Nur zu dumm, dass hier in Ufernähe nichts schwamm und die Stöckchen immer weiter rausflogen. Wenn die Fanny an Land kam, wollte ich ihr behilflich sein und so manche Beute abnehmen, aber die war so kleinlich, bevor sie mir einen abgab, knurrte sie mich nur an und brachte alle ihrem Herrl.

Am oberen Ende des Sees wurde das Gelände etwas uneben und matschig. Plötzlich entdeckte unser Adlerauge im Wasser viele Kröten, die paarweise übereinander hockten. Das sah komisch aus, eine fette Kröte unten und eine mickrige, wahrscheinlich fußkranke Kröte obenauf. Aber dass da alle krank sein sollten, die oben saßen – eigenartig.

Um diese komische Sippe besser betrachten zu können, setzten wir uns alle ganz dicht an das Wasser und schauten angestrengt hinunter. Die Kleine versuchte sie zu zählen, aber es waren so viele und immer wieder wurde unter Gebüsch, Steinen und Blättern so ein Pärchen entdeckt.

Plötzlich kreischte die Kleine laut und Frauli schrie angewidert „Iiiihhh!" Vor lauter Schreck wäre ich beinah abgerutscht, das war knapp – wer weiß, was die Viecher fressen. Da sahen wir erst, dass um uns herum auch lauter Kröten ankamen und neben uns ins Wasser wollten. So was Ekliges hab ich noch nie gesehen, wir wussten gar nicht, wo wir hintreten sollten, alles voll mit Duopacks, die unbeirrt zum See wanderten. Wir hatten unsere Mühe, zum Weg zurückzukommen ohne hier ein Blutbad anzurichten.

Die Fanny mit ihren kleinen Pfötchen war als erste am Ziel und die Kleine musste getragen werden, damit sie endlich mit dem Kreischen aufhörte.

Diese Nacht hab ich so schlecht geschlafen, kaum hab ich die Augen zugemacht, waren sie schon wieder da. Mit großen Augen und scharfen Zähnen haben sie mich immer und immer wieder verfolgt.

Mein erster Geburtstag

Heute ist wohl ein besonderer Tag. Das merkte ich gleich, nachdem mein Herrl wach war. Normalerweise, wenn ich ihm die Bettdecke wegziehe (und das mach ich immer, wenn er zu lange schläft – also fast täglich), regt er sich fürchterlich auf. Heute war er eher ruhig, er brummte nur: „Mal sehen, ob du noch ein Jahr überlebst!“ ☺ Was meinte er damit? Egal, es war ein schöner Tag und ich wollte nur noch raus.

Als ich wieder reinkam, hatte er schon eine Tasse Kaffee hinter sich (also war er endlich ansprechbar). Er nahm mich ganz fest in die Arme und sagte: „Alles Gute zum Geburtstag, mein Dicker!“ – und doch kam mir die Futterration heute etwas mehr vor.

Der Vormittag war ziemlich ruhig, mein Herrl arbeitete im Gemüsebeet und ich wollte ihm etwas zur Hand gehen. Aber das kam wieder einmal nicht so gut an. Nur weil ich quer durchgelaufen bin, ist er fast ausgezuckt*. Das versteh einer …

Mittags hat er dann sowieso den Salat abgeschnitten und die paar abgeknickten Zwiebeln … so hab ich beschlossen, ein Nickerchen zu machen, unter der großen Weide ist mein Lieblingsplatzerl an so heißen Tagen wie heute.

Kurz vor Mittag kam Frauli mit Viktoria nach Hause. Die beiden waren schon einkaufen gewesen. Kaum hat sie mich gesehen, nahm auch sie mich in den Arm und sagte: „Alles Gute zum Geburtstag, mein Guter!" Viktoria kriegte sich gar nicht mehr ein und sang: „Zum Geburtstag viel Glück, zum Geburtstag viel Glück, zum …"

Frauli machte die Beifahrertür des überbeladenen Wagens auf und holte eine lange Wurst heraus. Ganz aufgeregt machte ich Platz und Sitz und Platz … damit sie sich aussuchen konnte, was sie gerade haben möchte, und die Geschenkübergabe schneller vonstattenging. Sie lachte und überreichte mir das Riesenteil: „Na, wollen wir mal nicht so sein!"

Überglücklich stopfte ich die Riesenwurst in mich hinein und eilte schnell wieder zu ihr, wer weiß, vielleicht fiel noch was für mich ab? Frauli öffnete gerade den Kofferraum und voller Aufregung setzte ich zum Sprung an und war auch schon drin. Im selben Moment schrie unser Haus-, Hof-, und Feldwebel: „Charles!"

Jetzt merkte ich erst, wie angenehm weich ich gelandet war, das ganze Auto war voller blühender Blumen – schön! ☺ Das hätte nun auch nicht sein müssen, dass sie sich an meinem ersten Geburtstag so verausgabten und bemühten, um mir eine Freude zu machen. Meine Aufregung war groß, aber irgendwie hatten wir Kommunikationsprobleme. Während ich in glücklichen Gedanken schwelgte, schrie sie mich wieder an: „Charles, raus mit dir, du Trampeltier!"

---

* *ausgerastet*

Vorsichtig drehte ich mich erst einmal um, aber klar, hier war alles voll, wo sollte ich sonst hintreten als auf die Blumen.

Frauli schüttelte nur noch den Kopf: „Gut, dass du heute Geburtstag hast, ansonsten hätte jetzt dein letztes Stündlein geschlagen. Schau dir das an, mit deinen tellergroßen Pfoten hast du die schönen Pflanzen zertrampelt. Was soll ich jetzt auf den Balkon hängen?!"

Ach so ☹ Ich dachte, zur Feier des Tages bettet sie mich auf Rosen oder ähnlichem, so wie es in dem Märchen beschrieben wird, das mir Viktoria kürzlich erzählt hat. Etwas enttäuscht zog ich mich zurück.

Post war gekommen: Onkel Sam, Schwester Cora und meine Pflegeeltern schrieben und gratulierten mir und meinen Geschwistern zum Geburtstag.

Hallo Nichten und Neffen!

Wie die Zeit vergeht – jetzt seid ihr schon ein Jahr alt.
Ihr habt euch alle prächtig entwickelt und seid so richtig tolle Berner geworden!
Ich habe gestern schon einmal ein Geburtstagsständchen geübt.
Ihr müsst nur ganz genau hinhören … ganz in der Ferne … hinter den steirischen Bergen … da singt er … euer Onkel Sam …
NUR FÜR EUCH!

Viele Pfötchen zum Geburtstag
von eurem „Onkel Sam"

An alle Geschwister: Hallo

Charles:

Du hältst uns immer auf dem Laufenden. Die vielen Abenteuer werden sicher zu einem Buch verarbeitet, was mit viel Kosten verbunden ist. Ich bin der erste Käufer von deinem Buch. Hoffentlich kommen deine Abenteuer bald zu einem Verleger. Zwei von deinen Halbgeschwistern kommen in deine Nähe, dann könntest du als Babysitter etwas Kohle verdienen.

Casimir:

Der tolle Italiener.
Wir telefonieren öfters, es geht ihm prima, wiegt 55 kg. Seine Nahrung besteht aus Spaghetti ...

Caruso:

Schickt immer Bilder, er sieht gut aus, macht fleißig Gartenarbeit und ist ein toller Kindersitter.

Caio:

Seine Schreibfaulheit beschreib ich sooo ...
Er bewacht ein riesiges Revier und bis am Abend ist er todmüde. Ich werde mit ihm am 9. Juni nach Malnitz fahren, wo die Klubschau der Berner stattfindet. Werde über alles berichten.

Canero:

Hat weder Kuli noch Blechtrottel. Aber es geht ihm gut, denn ich besuche ihn manchmal.

Connie Mädi:

Was ist los mit dir? Berner sind ja keine Faultiere; viele schreiben sich die Pfoten wund und du liegst im Garten und träumst von kalten Temperaturen.

Chanel:
Du bist ja eine fleißige Schreiberin und es gibt auch bei dir viele Erlebnisse. Hundeschule, Urlaub am Meer und so weiter. Der letzte Besuch bei dir war toll, da ging die Post ab; müde bin ich abends ins Bett gefallen und hab von der Spielwiese geträumt.

Caesar:
Dass du keine Zeit zum Schreiben hast, dafür habe ich volles Verständnis. Bis du den Reis in deiner Schüssel hast und dein Herrchen in Schwung kommt, ist es Abend. Dann pfeifst du auf die Tasten und den Kuli.

Und jetzt noch zu mir – Cora
Vor einem Jahr lagen wir noch in der Welpenkiste und so schnell vergeht die Zeit. Ich gehe fleißig in die Hundeschule, bearbeite den Garten noch immer und halte auch meine Familie in Schuss.

Alles GUTE zum Geburtstag
und auf ein Wiedersehen freut sich Cora mit Familie

Mein Herrl kam am späten Nachmittag mit einer neuen tollen Bürste an und bürstete mir die Unterwolle heraus – das tat gut, ich genoss die Extrapflege eine knappe Stunde und alle Aufregung war vorbei.

Am Abend gingen wir noch eine große Runde am Bach entlang und zu guter Letzt bekam ich vor dem Schlafengehen einen schönen Kauknochen, den ich nur noch halb verputzte, und so schlief ich ein, glücklich über so einen schönen Tag!

Hoffentlich hab ich morgen auch wieder Geburtstag!

Onkel Sam schreibt:

Hallo Charles – „alter Haudegen"!

Entschuldige, aber ich habe wieder einmal Tränen gelacht bei deinem Geburtstagsbericht! ☺ ☺ ☺
Jetzt denk einmal nach, was du schon in deinem ersten Lebensjahr so alles erlebt hast. Das kann ja noch heiter werden. Hauptsache, du überstehst alles immer heil …
Die Androhungen von deiner Familie darfst nicht so ernst nehmen – die meinen das nicht so! Mit mir wird auch an so manchem Tag endlos herumgebrodelt. Die brauchen das einfach. Bei mir ist im Moment wieder „etwas in der Luft" … riecht sehr aufregend … leider ist dieses interessante Mädel unauffindbar.*
Die Duftspur ist allerdings betörend und Frauchen steht sich beim Morgenspaziergang die Beine kurz und krumm. Endlos brauche ich – fünf Minuten klebe ich liebevoll an einem Grashalm – dann noch einmal fünf Minuten für den passenden Platz meiner Liebesbotschaft. Hier passt es nicht … und da passt es noch weniger … aber da müsste sie ja förmlich über meinen Liebesbrief stolpern. Und dann kommt schon immer diese Dränglerei: „Semmel, geh endlich weiter, das ist ja fad!" In dieser Situation ist mein Geruchssinn extrem gut, dafür ist das Gehör am Nullpunkt angekommen. ☺ ☺
Und so absolvieren wir unsere Runde – Frauchen brodelt … ich trödle!

---

* *geschimpft*

Zuhause angekommen schmettere ich dann einen Liebesjodler in die Morgenstunden und hoffe auf eine Antwort … da kommt aber nix! Nach Stunden meldet sich dann die Mittagssirene und in meiner Hoffnungslosigkeit singe ich eben mit.
Zu den Blumen im Kofferraum, die du ja etwas niedergetreten hast: Jeder Hundebesitzer freut sich, wenn er die Heckklappe öffnet und der vierbeinige Steuerzahler ohne großes Getue gleich reinspringt. Ich kenne Kollegen, denen würde so ein Missgeschick nie passieren. Die lassen sich nämlich endlos bitten und schlussendlich reinheben. Das ist auch nicht so mein Ding. Bei mir geht es auch so … Klappe auf, Sam rein, Klappe zu. Fertig!
Im Laufe der Jahre bin ich allerdings auch etwas vorsichtiger geworden, weil ich nämlich einmal voll gegen die ausgezogene Rollplane geknallt bin. Ich wusste gar nicht, was geschehen war. Jedenfalls bin ich auf meinen vier Buchstaben auf der Straße gesessen. Und wer war schuld? Frauchen natürlich. Seither bilde ich mir immer vorher ein eigenes Urteil über die Platzverhältnisse ☺
Da hast du es wieder leichter. Bei dir ist kein hinderlicher Zaun im Weg! Du kannst in Ruhe deine Runden machen und bei den Damen nach dem werten Befinden fragen. Nur erwischen darfst dich nicht lassen, sonst kriegst du auch eine Moralpredigt zu hören. Mit einem Wort – wir haben es nicht leicht!

Viele Pfötchen
von deinem „Onkel Sam"

Von wegen, ich kann in Ruhe meine Runden drehen, ich sag dir was …

Hilfe! Frauli will ein Mädchen aus mir machen

Ich bin ja so verliebt! Nein – im Moment nicht in die Aika. Bei uns in der Nachbarschaft ist eine supernette Hündin, eine Dackelhündin! – jaaa, etwas älter schon (eigentlich könnte sie meine Mutter sein) na und? Ich finde, sie ist eine tolle Hündin und ich kann gar nicht genug kriegen von ihr. Frauli sagt zwar: „Ich sag es ja immer – Liebe macht blind! Aber so blind? Was will der Trottel *(damit meint sie mich)* mit der alten Klobürste?!" *(damit meint sie meine tolle Freundin).*

Weil ich doch so verliebt bin und bei jeder Gelegenheit ausbüxe, ist der Einfallsreichtum meiner Wärterin auch gewachsen. Die hängt mich an alles, was sie finden kann. Heute war es sogar ein Zurrgurt. Sie hat nicht mich drangehängt, sondern den Gurt an mich, und immer, wenn ich mich aus dem Staub machen wollte, machte das Teil am anderen Ende einen Riesenkrach beim Hinterherziehen. Da bleib ich gern zuhause, schließlich kann ich mich mit so was im Schlepptau nicht bei meiner Angebeteten sehen lassen. Mal sehen, ob es morgen wieder klappt!

Die Buschtrommeln sind echt schnell in dieser Gegend. Es wundert mich auch, dass man mich hier schon kennt, ich trage ja kein Namensschild. Es muss daran liegen, weil ich so ausgesprochen schön bin. Kaum hab ich meine Runde gedreht, steht mein Frauerl schon mit dem Auto da und lässt mich einsteigen ☹ mit finsterer Miene, so werd' ich wieder heimchauffiert.

Gestern hat sie gesagt: „Charles, wenn du morgen wieder abhaust, lass ich dich kastrieren!" Uups ☹

Ich bin mir zwar nicht sicher, aber ich glaube, das ist das, was der Nachbar mit seinem Kater gemacht hat und ich glaube, der ist jetzt eine Katze.

Vielleicht sollte ich doch wieder mal zuhause bleiben …

Der verflixte Sonntag

Heut war wieder einmal ein superschöner Tag, aber irgendwie wollte mein Herrl nicht aus den Federn. Schon vor einer Ewigkeit hatte ich ihm die Decke weggezogen, aber er hat sich nur umgedreht und zusammengerollt. Jetzt musste ich geduldig warten, bis es ihm endlich zu kalt wurde.

Dann allerdings geht alles immer sehr schnell, weil plötzlich springt er dann auf wie von der Tarantel gestochen, brüllt meinen Namen (als hätte ich ihn vergessen über Nacht) und rennt hinter mir her. Wahrscheinlich ist das so eine Art Aufwärmtraining und weil ich nun mal ein guter Hund bin, mach ich das alles mit – täglich! ☺

Gespannt wartete ich also auf den Zeitpunkt, wo der Eisklotz wach wurde. Ganz langsam bewegte er sich schon und plötzlich ging es los. Wie beschrieben sprang er auf, schrie „Charles!" und sauste hinter mir her. Ich rannte die Treppe runter, kam ins Strudeln, rutschte auf halber Höhe aus, auf meinem Allerwertesten und alle Viere von mir gestreckt rasselte ich die letzten Stufen hinunter und direkt auf den Putzeimer zu, den mein Herrl gestern Abend nicht mehr weggeräumt hatte! ☹

Na toll, das gab eine schöne Bescherung! Das Dreckwasser schwappte raus, klatschte auf die Wand und hat mich auch noch übergossen. Wie ein Putzlumpen sah ich jetzt aus, die Knochen taten mir weh und mein Herrl kriegte sich fast nicht mehr ein – Donner, Blitz!

Mit den Worten: „Geh mir aus den Augen!" ließ er mich endlich raus. Puh – das war knapp, ich dachte schon, mein letztes Stündlein hätte geschlagen. Nachdem ich meine Knochen sortiert hatte, bin ich ein wenig um die Häuser gezogen, zur Ablenkung. Jetzt meldete sich allerdings mein Magen und so machte ich mich auf den Weg nach Hause, mal sehen, ob dieser Kelch an mir vorübergehen würde und ob schon etwas in meiner Schüssel war.

Heute musste Sonntag sein, weil die Kaffeekanne ganz voll war und Herrl begann, auf der Terrasse den Tisch zu richten – bestimmt kam Frauli zum Frühstück. Da kam Frauli auch schon mit einer Aufschnittplatte und stellte sie in den Schatten auf einen Stuhl. Sie hatte die Milch vergessen und musste deshalb noch mal los. Mein Herrl holte noch die weich gekochten Eier aus der Küche. Mich strafte man mit Missachtung, weil ich doch heute schon mein Fett weghatte. Ich war ganz allein mit der schönen Aufschnittplatte, in Augenhöhe stand sie vor mir und lächelte mir zu. So einladend – sollte das mein Frühstück sein? Mit zwei Schleckern putzte ich sie weg, so viel war auch gar nicht drauf, vielleicht war es auch nur die Vorspeise.

Herrli kam mit den Frühstückseiern heraus und brüllte mich an. Frauli kam mit der Milch um die Ecke und verdrehte die Augen. Für das gemeinsame Frühstück sollte die Platte sein und Frauli hatte sie nur auf den Stuhl gestellt, damit die Sonne nicht draufscheint. Wie sollte ich das wieder ahnen – ich dachte, die wäre für mich.

Beide riefen gleichzeitig: „Charles, auf deinen Platz!"

Sofort, ohne zu zögern, verkrümelte ich mich unter dem Tisch. Aber mein Herrl ist ja so was von stur. Heute wollte er, dass ich einen anderen meiner Plätze aufsuche und sagte, ich solle wieder rauskommen. Also was jetzt? Zuerst Platz, dann doch wieder nicht … mei waren die heute anstrengend!

Unnachgiebig kam er auf mich zu und befahl mir, sofort rauszukommen und im Haus auf meinen Platz zu gehen. Natürlich sprang ich auf und wollte mich auf den Weg machen. Nur blöd, dass ich schon so groß bin und der Terrassentisch so Querverstrebungen hat, an denen ich fast nicht vorbeikomme, zumindest nicht ohne am Tisch etwas zu rütteln. Jetzt fiel auch noch der Kaffe um und übergoss sich auf dem Tisch und durch die Spalten tropfte er auf mein ohnehin schon leicht lädiertes Fell, die Eier schlugen neben mir auf wie Bomben …

Du meine Güte – hatte ich heute das Unglück gepachtet oder was war los? ☹ Schnell haute ich mich auf meinen Platz und machte Augen und Ohren zu! ☹

Armer, armer Charles!

Ich hab immer gedacht, mir passiert dauernd etwas. Gegen dich bin ich ja ein „Nullerl“ ☺ ☺ ☺
Ich muss dich aber schon verteidigen: Es werden ständig Fallen für dich aufgebaut und du mit deiner gewaltigen Lebenserfahrung (365 Tage und ein paar Zerquetschte) stolperst natürlich immer rein.
Der Aufschnitt … abgestellt in Augenhöhe?! Da brauchen wir gar nicht zu diskutieren. Eindeutiger Freispruch … FÜR DICH!
Ich habe auch einmal eine Wurst vom Couchtisch gemopst. Leider habe ich sie nicht gleich und sofort verputzt. Das war ein Fehler. So hatte ich zwar die Moralpredigt, aber die Wurst wurde mir abgenommen und in den Mistkübel geworfen (ich hätte heulen können).
Und das mit der Tischhöhe … auch kein Thema. Ich würde mir an deiner Stelle eine Gegenklage wegen Kaffee-Brandblasen am Rücken überlegen. Die detonierten Frühstückseier hast du wahrscheinlich auch nicht mehr aufschlecken dürfen. Die hat dein Frauchen wahrscheinlich im Mülleimer versenkt. Was für eine diabolische Verschwendung!

Ich hoffe, ich konnte dir ein wenig Trost spenden
und verbleibe mit vielen Pfötchen
dein „Onkel Sam“

Einer Riesenschlange knapp entkommen

Herrli zeigte unserem Opa und altem Jäger die Größe der Schlange mit beiden Händen, dabei fuhr er so weit auseinander, dass er die ganze Tischplatte brauchte und sagte: „So ein Riesenviech war das!"

Also ich muss da was richtigstellen: Wir waren wieder mal unterwegs, diesmal am Schwarzensee. Supertag, tolles Gelände, wie man auf dem Bild gut sehen kann. Wir machen gerade Rast und bestaunen die Landschaft, da seh ich sie als Erster. Knapp hinter uns im Gebüsch raschelt es ganz leise und hervor kommt ein grüner Kopf mit blauen Augen – eine Schlange. Ich blieb staunend und ganz „cool" sitzen, aber mein Herrl ist aufgesprungen und hat sich vom Acker gemacht. Ha ha, der hatte echt Angst.

Opa sagt, dass es nur eine ungiftige, harmlose Äskulapnatter war. – Hatte ich mir ja gleich gedacht.

Phantomschmerzen

Wir fuhren wieder einmal zum Tierarzt, weil die Fanny ständig tröpfelte …

Total cool schaute ich zu, wie die Fanny tapfer auf der Pritsche stand und sich untersuchen ließ. Dann holte der Doc eine Riesennadel und steckte sie ihr ins Fell. Fanny zuckte kein einziges Mal, als ob das gar nix wäre. Sie kriegte auch vor der zweiten Spritze nicht die Panik.

Völlig gelassen lehnte ich mich zurück – mir fehlte ja nix, ich war heute nur zum Zuschauen mitgekommen …

Nachdem die Fanny endlich von dem ungemütlichen Hebetisch entlassen worden war, wandte sich der Doktor mir zu. Zuerst – das kannte ich ja schon – redete er sehr, sehr freundlich auf mich ein, dann fing er an, mich zu begrapschen. Und schließlich kam er mit dem fadenscheinigen Argument, ich solle doch, damit er sich nicht so bücken muss, auf den Tisch springen. Aber da stellte ich mich gleich mal taub, ich musste nicht alles verstehen, was der sagte. Frauli aber, die hat's kapiert, und hob meine Vorderpfoten auf den Tisch und hievte meine Hinterbeine beziehungsweise meinen Bauch ebenfalls hinterher.

Wie der lange rummachte und sich alles anschaute: meine Zähne, die Ohren, den Bauch – ich mag es nicht, wenn er mich am Bauch abgrabscht … Am liebsten hätte er mich behalten, so begeistert war er von mir.

Ich konnte es mir bequem machen, er nahm endlich seine Finger von mir und redete mit Frauli über diese tolle Rasse, der ich angehöre. Ich drehte mich etwas zur Seite und sah grade noch, wie der Doc wieder zwei Schachteln mit Serum und zwei Spritzen aufzog. ☹ Huch, etwa für mich? Oje, ich hatte den Impftermin vergessen, wir waren gar nicht wegen der Fanny da, sondern wegen mir! Ich wollte mich aus dem Staub machen, aber Frauli hielt mich fest und sagte: „Komisch, ein Mordshund und bei so was ein Hasenfuß – wie sein Herrl!

Stimmt! Mein Boss ist in diesen Dingen auch zum Schreien! Die Geschichte muss ich festhalten: Kürzlich kam er aus dem Wald mit einem Kratzer am Bein zurück, das Blut hat nicht mal getropft, aber allein ein Pflaster draufzumachen, war schon wie eine OP. Wie das Pflaster am nächsten Tag wieder abgezogen werden sollte … ☺ – zum Totlachen, wie der sich anstellte.

Seine Stampfer sind ja nun ganz schön beharrt; ich hoffe, ich plaudere hier nicht zu viel aus dem Beautycase (bei uns hat mein Herrl das Beautycase und Frauli eine Werkzeugkiste), aber ich denke, dass es nichts Ungewöhnliches ist, dass Herrlis mit der Haarpracht ihrer vierbeinigen Lieblinge wetteifern und Haare an den eigenartigsten Stellen tragen. Ich hab schon einmal ein Herrl gesehen, das hatte Haare am Rücken, das fand ich also wirklich übertrieben und der Hund war so ein Rehpinscher – ein komisches Gespann!

Aktion Pflaster muss man sich wie folgt vorstellen: 30 Minuten unter der Dusche, mit viel Seife und Shampoo, das ganze Haus roch bereits wie so ein Etablissement mit roten Vorhängen (dass du dich schämen musstest, hier zu wohnen). Dann das Pflaster (= von bester Qualität) – hält! ☺ Herrli nahm sich eine Schere, rollte sich zu einer Spirale zusammen und steckte den einen Fuß (damit er hielt) mit dem anderen irgendwie zusammen … Ausgesehen hat das Ganze wie vom Nitsch ein Kunstwerk mit lebendem Körper! Ich hab diese akrobatische Übung eines 95-Kilo-Fleischklopses von weitem mit großem Interesse beobachtet und mich gefragt, ob ich die Auflösung des Knotens auch noch sehen werde.

Nachdem die Spirale einigermaßen stabilisiert war, kam die Schere zum Einsatz. Er fing an, die Haare unter dem Pflaster wegzuzwicken – einzeln. Bei jedem Haar hat er fürchterliche Geräusche gemacht wie „Uh, ah, au, mei, tut das weh."

Nach weiteren 30 Minuten waren dann circa 40 Haare weggeschnipselt und das Pflaster löste sich von selbst. Endlich konnte er sich anziehen, was wieder ein Stück mit zwei Akten aus „Der Phantomschmerz" wurde, weil sich natürlich die „große"

Wunde ohne Pflaster an den Hosenbeinen rieb und mein Herrl unglaubliche Schmerzen ertragen musste. Endlich in der Hose tat es schließlich bei jedem Schritt weh und so war die Fortbewegung des Patienten an diesem Tag doch sehr gemächlich. Echt zum Kugeln, zum Glück hat dieses Schauspiel außer mir niemand gesehen!

Mittlerweile hatte der Tierarzt die Spritzen schon aufgezogen, schnappte meine Haut am Rücken und schon steckte er mir die erste Nadel ins Fell. Also Schmerzen waren das, ich hab das mit einem verstimmten Knurren kundgetan, aber das interessierte niemanden hier. Mein Frauli sagte: „Charles, das ist sicher nur ein Phantomschmerz!"

Ja, nahm mich hier denn keiner für voll? Ich drehte mich etwas, so dass ich quer über der Pritsche lag, mein Hinterteil hing auf der einen und die Vorderpfoten auf der anderen Seite hinunter. Schon stemmte der Arzt die zweite Nadel in meinen Rücken und lächelte wie die Viktoria, wenn sie hinterrücks was anstellt.

Frauli brüllte vor Lachen und meinte, ich sehe aus wie eine gestrandete Schildkröte. Also das haut doch dem Fass den Boden aus. Nun bekam ich noch Tropfen für die Ohren, aber die Fanny auch – unangenehm das Zeug. Nur, wenn es hilft, ist mir das recht, weil das Geschüttel nervt mich selber schon.

Der Pferdeflüsterer

Letztes Wochenende sind Herrli und ich mit einem Freund auf eine Ranch gefahren. Auf eine richtige Ranch, wie man sie so in Filmen sieht. Also die Gegend war schon der Wahnsinn, da, wo Fuchs und Henne sich Gute Nacht sagen – ich habe mir schon überlegt, ob wir zum Ende der Welt fahren, weil viel kann in dieser Einöde nicht mehr kommen – da stand eine riesige, tolle Ranch.

Wir wurden herzlich begrüßt (bestimmt kommt nicht so oft jemand vorbei), etwas herumgeführt und eingewiesen, wie es da so läuft. Die Besitzerin hat von ihren tollen Pferden erzählt, wie viele Zuchterfolge sie verzeichnen kann und was für gute Rennpferde bei ihr einstehen. Dann hat sie noch von diesem Gaul gesprochen, der anscheinend recht zickig ist. Keiner kann mit ihm umgehen und das schon seit Monaten. Er ist stinkefaul, lässt sich nicht bewegen und manchmal wird er sogar bösartig, wenn er seine Ruhe haben will.

Es war traumhaft da, ein tolles Gelände, ja, richtig aufregend, eine Menge Viecher, nicht nur Pferde, und Düfte ohne Ende. Herrl wurde zum Kaffee eingeladen und ich bekam frei, endlich konnte ich mich ein bisschen umschauen. Natürlich kam ich auch am Stall und an den Pferdeboxen vorbei – beziehungsweise nicht vorbei, weil die Geschichte von dem störrischen Esel mir wieder eingefallen war und deshalb ging ich rein.

Die Box zu diesem Warmblüter oder Blaublütler (keine Ahnung, wie das heißt) ist immer offen, weil der einen Knacks weghat – der geht nicht raus. Das wollte ich sehen. Zuerst hat der mich überhaupt nicht angeschaut – *wo gibt's denn so was? Wer bin ich denn!? Der konnte mich doch nicht einfach ignorieren!* ☹ Geduldig legte ich mich vor die Box und starrte ihn an. Ja, ich merkte schon, es wurde ihm unangenehm, er begann, etwas hin und her zu trippeln, und dann schnaubte oder blies er so laut durch seine riesigen Nasenlöcher. Wäre ich nicht schon so ein großer Berner, hätte ich mich jetzt getrollt. Aber noch drehte er mir seinen dicken Hintern zu. Wurde

Zeit, dass dem mal jemand ein bisschen Manieren beibrachte. Ich schaute mir die Szenerie noch ein wenig an, dann hatte ich die Schnauze voll – so ein eingebildeter Hammel! ☹

„Dir werd' ich es gleich zeigen!" Ich machte einen meiner Beller „Wau" – so einen tiefen, von ganz unten. Da hat der sich aber wirklich zu Tode erschreckt und siehe da, das Tier hatte eine Vorderfront und ich musste gestehen, die schaute gar nicht so übel aus. Geduldig legte ich mich wieder hin. Er schaute mich nun auch aus seiner Ecke heraus an und wartete. Ich wartete auch – Zeit hatte ich genug. Mein Herrl war kurz weggefahren, um irgendwelche Besorgungen zu machen. Aber das „kurz" kannte ich schon, zwei Stunden konnte ich getrost einplanen.

Nach einer Weile „Aug' in Aug'" kam wieder sein Gehabe mit dem Hin-und-her-Steigen, durch die Nasenlöcher blasen, aber egal, das ließ mich kalt. Nachdem er nun auch noch mit den Vorderhufen etwas Stroh weggescharrt hatte, kam er langsam auf mich zu. Ich muss gestehen – groß war er schon – sehr groß sogar, was aber einem richtigen Berner nicht wirklich imponiert (oder doch?). Ich hab mich schon mal so positioniert, dass ich abhauen konnte, wenn's brenzlig würde. Langsam und noch immer etwas schnaubend kam er näher, seinen Kopf nach unten gebeugt – ich stand schon mal sicherheitshalber auf, er durfte ruhig sehen, dass ich auch ganz schön groß war. Vorsichtig kam er immer näher und begutachtete mich. Also zum Fürchten war der nicht, ich wusste gar nicht, was die alle hatten. Wahrscheinlich fühlte er sich einfach nicht verstanden (so wie ich manchmal).

Wir beschnupperten uns etwas und dann dachte ich so bei mir: „Vielleicht sollte ich ihn einfach mal auffordern, mit mir rauszugehen?" Also hab ich ihn so hüpfend angebellt, wie ich das bei der Fanny auch mache, wenn sie keine Lust hat, mit mir zu spielen, mir aber fad ist. Und da schau her, er machte gar keine Anstalten, sich zurückzuziehen. Er scharrte ein wenig mit den Vorderhufen und kam wieder näher. „Das klappt", dachte ich mir, „das machen wir gleich noch mal", und ging immer wieder ein kleines Stückchen zurück.

Tatsächlich! Nun war er draußen vor seiner Box und schon ging's los. Ich lief neben ihm her und er ging wirklich mit mir zu einer Koppel. Die anderen Pferde waren auch in einer Koppel und schauten uns alle zu. Am liebsten hätte ich eh gesagt: „Da schaut's her, so geht man mit einem Kumpel um, hättet ihn ja nur mal fragen müssen, ob er mitgeht."

Nach gut zwei Stunden kam mein Herrl zurück und suchte mich. Ich hab ihn schon gehört, aber schließlich konnte ich meinen neuen Freund nicht gleich wieder alleine lassen, so musste ich seine Rufe leider ignorieren. Wir hatten richtig Spaß – er im Galopp und ich neben ihm her rund um die Koppel, eine Runde nach der anderen. Schließlich hatte der Rappen einiges aufzuholen, der war ja schon fast eingerostet.

Irgendwann hat mich mein Herrl gefunden. Er, die Rancherin und unser Freund sowie ein Pferdebetreuer standen da mit offenem Mund, als würden sie ein UFO sehen. Irgendwie konnten sie es gar nicht fassen, dass der Gaul rannte – und wie der rannte. Nach einer Weile ging er mit seinem Betreuer auch freiwillig wieder in sein Schlafgemach und ich trollte mich auch. Schließlich musste ich zweimal so viele Schritte machen, weil gegen den Gaul hab ich kurze Beinchen.

Am Samstag und am Sonntag wiederholten wir das Spielchen. Und sobald ich wieder mal frei hab, fahr ich wieder her und besuche meinen neuen Freund und wer weiß, wie viele andere Gäule hier noch zu betreuen wären. Womöglich springt auch mal eine lukrative Beschäftigung für mich heraus.

Ausmisten kann ich nicht, aber als Pferdeflüsterer wäre ich schon zu gebrauchen.

Charles als Lagerist

Wir haben in der Scheune unseres Bauernhofes ein Lager mit haufenweise Kartons. Der Mann, der es gemietet hat, ist recht nett und hat auch einen Hund … Sindy ist ein süßes Golden-Retriever-Mädchen. Sie hat nur einen großen Nachteil – sie wohnt nicht hier. Immer wenn ihr Herrl mit den Ein- und Umpackarbeiten fertig ist, fährt sie wieder mit nach Hause. Somit bleibt es mein Revier!

Heute hab ich ihm an die Kartons gepieselt (markiert) – er hat mich nicht verstanden und fürchterlich geschimpft, dafür hab ich mir aus einem offenen Karton was Knisterndes geholt, er hat geschrien und ist mir hinterhergelaufen. Natürlich bin ich viel schneller und so hat er bald aufgegeben. Das war's, dieses Päckchen war nun meins. Vorsichtig hab ich die Umverpackung aufgebissen und mir diese kleinen Dinger rausgeholt. Aber irgendwie war das dann gar nicht mehr so lustig, weil diese Figürchen auf meinem ganzen Fell verteilt kleben blieben. Da half kein in-der-Wiese-Rollen und auch das Schaben am Apfelbaum blieb erfolglos. Also ging ich zu meinem Frauli, die mir lauthals lachend das Zeug aus meinem Fell zog und schnitt.

Später hat er meinem Herrl meine Missetaten gepetzt, aber diesmal gab es keinen Ärger, sondern das war voll spaßig für Herrli. Im Karton waren Klebebärlis.

Land unter

Nach den morgendlichen Spaziergängen kamen wir kurz vor daheim noch mal am Bach vorbei und an diesem Platz wartete mein Herrl eine Weile auf mich, damit ich ins Wasser konnte.

Immer an derselben Stelle springe ich in den Bach und erfrische mich ein wenig. Aber heute – uups, war der Boden nicht mehr da! Zuerst hab ich mal einen Riesenschreck bekommen, ich bin völlig abgetaucht, alles, sogar meine Ohren waren „Land unter" und ich hab immer noch keinen Boden gespürt. Endlich wieder Luft schnappend haben meine verschwommenen Augen mein Herrl gesucht – und gefunden. Aber glaubst, Herrli hätte mich gerettet? Nein, der hat nur gelacht und gesagt: „Ja Charles, dann ruder mal!"

Rudern? Was soll das sein? Mein durchtränkter Körper trieb völlig unkontrolliert im eiskalten Wasser, die Strömung hat mich einfach mitgerissen. Erst ein großes Stück bachabwärts kam eine Kiesbank und an der bin ich gestrandet. Außer mir vor Panik, Aufregung und Zorn hab ich mich an Land geschleppt und erstmal nur gehustet und gespuckt.

Wer hat hier eigentlich den Boden des Baches geklaut? Wer hat hier den See reinlaufen lassen und wo kam das viele Wasser her? Oder hat das mit den anhaltenden Regenfällen der letzten Tage was zu tun? Und warum hat mich niemand gewarnt und überhaupt …

Die Landratte von meinem Herrl ging nicht mal mit den Füßen ins Wasser und mich lachte er aus. Irgendwann werd' ich ihn kriegen, irgendwann. Wenn ich mal so ein richtiger ausgewachsener Berner bin und vielleicht auf einem Ohr taub wie die Fanny, dann fällt mein Herrl zufällig ins Wasser und dann werd' ich ihn anschauen und uupps …

Wiedersehen mit dem Almkogel

Völlig unspektakulär hat heute die Bergtour auf den Almkogel geendet. Wir hatten ein paar Freunde mit und auch die Kleine. Dass das eine ganz gemütliche Tour mit null Abwechslung werden würde, war mir klar. Im Schneckentempo sind wir hochgekrochen, das kann auch anstrengend sein, wenn man auf so „Möchtegern-Alpinisten" ständig warten muss. Außerdem musste die Kleine nach 200 Metern immer abwechselnd getragen werden. Zum Glück kam keiner auf die Idee, sie mir auf den Rücken zu binden, das hätte mir gerade noch gefehlt. Ich war beschäftigt genug, die Fanny zu motivieren.

Also die nehmen wir auch nicht mehr mit, ich hab so einen Schreck gekriegt und alle anderen auch, als sie sich plötzlich auf eine kühle Mooswiese legte und keine Anstalten machte, auch nur noch einen Zentimeter weiterzugehen. Aus dem Maul hat sie regelrecht geschäumt, so wie die Waschmaschine vor Tagen, als die Kleine etwas Pulver nachgefüllt hat (aber das schreibe ich später extra nieder). Nach ganz viel Wasser (meine Ration wurde auf ihrem Fell verteilt ☹) und noch mehr gutem Zureden haben wir dann doch noch die letzten 200 Meter auf den Gipfel geschafft – mit Fanny. Ich hab ihr gleich gesagt, sie solle sich das traumhafte Panorama und die herrliche Aussicht extra gut reinziehen, weil das sicher das letzte Mal war, dass sie so weit raufkommen würde.

Oben gab es für alle eine tolle Brotzeit, auch für uns Hunde, und die Trinkflaschen wurden auch noch verteilt, so hab ich auch noch einen kräftigen Schluck abgekriegt. Als Nachspeise gab es Müsliriegel für alle. Meiner hatte Bananengeschmack, den ich besonders liebe. So a Bergjause ist das Allerallerbeste! ☺

Mein Herrl und ich hatten Gelegenheit, mit dem Almkogel Frieden zu schließen, denn dieser Berg hätte mich vor Monaten bald mein junges Hundeleben und meinen Herrl eine Menge Nerven gekostet.

Als wir gut ausgeruht den Rückweg antraten, hat sich Herrl die Kleine auf den Rücken gesetzt, somit hatten wir hinunter ein ordentliches Tempo drauf und am Ende dieser Wanderung noch richtig Spaß!

Besuch aus Kärnten

Meine Pflegeeltern – die Mulles – waren gestern da, Mama Anna und Cora waren auch dabei. Es war wieder so schön und toll die ganze Familie zusammen zu haben, einfach unbeschreiblich klasse!

Meine Pflegeeltern haben einen meiner kleinen Halbbrüder ins Salzkammergut geliefert in sein neues Zuhause und danach einen Überraschungsbesuch eingeplant. Überrascht waren wir alle, außer mein Frauli – die hatte sich schon so was gedacht. Ein Kärtner Reindling fuhr bei dieser besonderen Gelegenheit auch mit – Frauli hat sich recht gefreut und mir sogar ein Ministück davon abgegeben (wie immer sehr großzügig).

Mein Pflegepapa war sowieso der Größte ☺ Der konnte mich so toll bewundern, er sagte immer und immer wieder, wie gut ich gewachsen bin und wie schmuck ich noch werde! Dafür liebe ich ihn. Niemand sonst findet so viele Worte über meinen Traumbody wie er.

Meine Pflegeeltern haben auch erzählt, dass sie noch zwei von meinen Brüdern zuhause haben ... Und jetzt stell sich das einer vor: Mein Herrl und mein Frauli überlegen ernsthaft, sich so ein Knäuel zu holen! ☹ Ich glaub, ich spinn, das werden die Fanny und ich zu verhindern wissen! Ich habe keine Lust, jetzt plötzlich den großen Bruder spielen zu müssen, bestimmt müsste ich ständig der „Vernünftige" sein und aufpassen! Kannst dir das vorstellen, meine Streiche würde der kleine Racker machen und ich würde die Schelte einstecken? Nein, also wirklich nicht. Die Fanny sagt auch, sie hat überhaupt keine Lust, da hat sie mich endlich groß gekriegt und jetzt soll das ganze Theater wieder anfangen?

Außerdem wäre dann noch jemand, dem die Aufmerksamkeit der Familie gehört und bestimmt würde der Racker auch noch mehr davon bekommen. Womöglich würde auch die Futterration geteilt werden? Ich hab gehört, dass so kleine Hunde so viel fressen und immer die erste Geige spielen wollen.

Gestern Nachmittag war ich ein „Vorzeige-Charles". Ich hab mich ja so was von zusammengerissen und überhaupt nix angestellt. Als mein Herrl mit mir nach Hause kam, hat er zum Frauli gesagt: „Wir müssen uns das wirklich überlegen mit dem kleinen Hund, der Charles ist jetzt schon so brav, das würde sicher super klappen!"

Ich dachte, ich hör nicht richtig! Sofort bin ich in den Garten gerannt, hab einen Maulwurfhaufen vor lauter Zorn umgegraben und bin mit meinen Dreckpfoten durch das Haus gerannt. Frauli schmiss mich im hohen Bogen raus und sagte zu meinem Herrl: „Jetzt schau dir den Trottel an, blöder kann ein kleiner Hund auch nicht sein – da geht's in einem Aufwasch!"

Spinnen die? Da kannst' machen, was du willst, die drehen sich alles, wie sie es brauchen. Hoffentlich können die Fanny und ich den Mark davon überzeugen, dass wir keinen nervigen Welpen brauchen!

Familiensitzung

Heute Abend – Zusammentreffen aller Familienmitglieder – Thema: Hund.

Fanny und ich hatten den Mark heute Mittag schon bearbeitet und er war eindeutig dagegen. Gut, was konnte uns schon noch passieren? Die Oma war ganz klar dafür (logisch, für die sollte an jeder Ecke ein Wachhund stationiert sein) und der Opa hat noch überlegt und ein paar fadenscheinige Einwände auf den Tisch gelegt, die von den Befürwortern sofort niedergeschmettert wurden.

Da brachte unser unfaires Frauli die Fotos von den Kleinen ins Spiel und plötzlich fiel uns der Mark einfach um. Mit einem „Mei, sind die süß" war die Diskussionsrunde schnell beendet. Der Opa hat sich der Stimme enthalten. Jetzt stehen wir da, die Fanny und ich ☹ + ☹ – die wollen wirklich noch einen Hund anschaffen!

Hilfe, wir kriegen Nachwuchs

Es half kein Weh und Ach, unsere Brötchengeber hatten beschlossen, es kommt noch ein Kostvernichter ins Haus. Nicht auszudenken, wie grundlegend mein und Fannys Leben sich nun verändern wird. Schlaflose Nächte, Laki* aufwischen, teilen, teilen und noch mal teilen.

Mein Gott, jetzt muss ich als großer Halbbruder wohl immer auf so ein lästiges Knäuel aufpassen? Klar, die Fanny stellt sich wieder taub und blind, bestimmt bleibt alles an mir hängen. Das kann ja was geben.

Heute kam schon eine große Lieferung mit Hundefutter – acht Schachteln! So viel haben wir noch nie gekriegt – der frisst uns die Haare vom Kopf, das ist klar! ☹ Morgen wollen sie ihn schon holen und ich soll mitfahren. Ich wünschte, sie würden mich einfach vergessen – womöglich soll ich ihn auch noch freundlich begrüßen. Wenn ich mitfahre, dann nur, um Mama Anna und Cora zu sehen (und mein Leid zu klagen). Die Cora hat es gut, die hat für ein paar Wochen Hundesitter gespielt, Lorbeeren eingeheimst und jetzt ist sie wieder alle los und lacht sich eins – aber mir bleibt der Fratz!

Warum kann ich nicht auch einfach ein liebes, kleines Kätzchen finden wie der Onkel Sam? Die Welt ist so ungerecht. Heute Nacht werd' ich sicher kein Auge zukriegen, so viele Dinge gehen mir durch den Kopf …

---

* *Hundepfütze*

Wir fahren nach Klein St. Veit

Kurz vor Mittag ging es los. Die Kleine mit ausreichend Nahrung ins Auto gepackt, mich im Kofferraum verstaut und ab ging die Post. Das Wetter war heute ideal für Tiertransporte, angenehm kühl, aber freundlich.

Als wir ankamen, war Frauli gerade in Kaffeestimmung, das merkte ich schon, sie konnte kaum mehr die Augen offen halten. Meine Pflegemama hat das sofort erkannt und kam mit dem Lebensgeister erhaltenden Gebräu an.

Dafür, dass sich in diesem Zwinger die Reihen schon wieder erheblich gelichtet haben, ging es aber immer noch ordentlich zu. Drei von den Bälgern waren noch da, die haben mich auch sofort am Aussteigen gehindert, ich wusste eh nicht, wo ich hintreten sollte. Ich habe keine Erfahrung mit Hundebabys und da man mir generell rüpelhaftes Verhalten vorwirft, war ich da lieber etwas vorsichtiger, am Ende kam noch einer unter meinem Gewicht zu liegen.

Da war noch meine Mama Anna, meine Schwester Cora und die alte Dame Farah, ich glaub, das ist meine Tante oder so. Und da kam er auch schon an – der, den wir mitnehmen sollten! Mark sagte, er sähe aus wie der Charles vor einem Jahr. Also weißt, ich kann mir nicht vorstellen, jemals so klein und zerrupft gewesen zu sein! Wie der aussah, total unproportioniert. Kurze dicke Beinchen, viel zu große Pfoten, über die er auch noch stolperte, wenn er schneller sein wollte.

Voll witzig schaute der aus. Wie ein Stofftier, das Frauli falsch gewaschen hat (sollte keine Anspielung sein). Die Ohren wie die eines Elefanten, die vor die Augen klappten, die Äuglein so winzig, eine Nase wie ein Igel und eklig spitze Zähnchen, mit denen er überall reinbiss. ... echt schlimm!

Egal, ich nutzte die Zeit und tollte mit meiner Schwester rum, ab und zu kam so ein kleines Knäuel daher und mischte sich darunter, gleich Gejaule und eine der Fraulis schimpfte schon wieder. Na, das kann was geben, wenn die Würmer nix aushalten! ☹

Als wir zur Rückfahrt einluden, war ich so müde und ausgepowert, dass ich nicht mitbekam, ob wir das Knäuel nun dabeihatten oder nicht. Erst als wir auf halber Strecke eine Pippipause einlegten, wurde es zur Gewissheit – wir hatten ihn mit. Er verhielt sich aber total ruhig und schlief wohl die meiste Zeit auf Fraulis Schoß.

Zuhause angekommen wurden wir voller Erwartung begrüßt, aber wie ich mir das schon gedacht hatte, drehte sich alles um den Zwerg!

Die Fanny hat mich umgehauen, die behauptete ernsthaft, er sei mir wie aus dem Gesicht geschnitten – das ist doch wirklich frech! Niemals hab ich so ausgesehen! Es besteht keine Ähnlichkeit, wenn, dann nur auf dem Papier!

Die Nächte sind kurz

Der Zwerg ist schon so richtig daheim. Der schläft ständig vor seinem Fressnapf ein, als würde er Angst haben, eine Raubtierfütterung zu verpassen. Der kann vielleicht reinhauen. Jetzt kriegt er schon dreimal am Tag was zu fressen und noch ist es ihm zu wenig. Ich bin nur froh, dass Frauli ihm nicht nur von unserem Sack was gibt. Meist bekommt er Reis und Knödel – darauf bin ich eh nicht scharf und die Fanny frisst so was sowieso nicht.

In der Nacht schläft er beim Frauli oben – an irgendetwas erinnern mich die Szenen, ich komm auch noch dahinter woran … Mindestens dreimal in der Nacht: Licht an – Frauli rennt mit dem Knäuel im Arm die zwei Treppen runter, vor der Tür in der Wiese stellt sie ihn ab, um ihn nach ein paar Minuten wieder hochzuschleppen. Heute in der Früh waren ihre Augen etwas kleiner als sonst. Und überhaupt toppt der sogar noch die Viktoria mit dem Frühaufstehen – der hätte ein Gockel werden sollen, bei dem Biorhythmus! Um Punkt fünf Uhr morgens meint der Zwerg, er kann zu spielen anfangen. Das wird wohl noch eine Weile dauern, bis wir dem Manieren und unseren Tagesablauf beigebracht haben!

Von zuhause geht der Hasenfuß freiwillig nur zwei Meter weg, zum Häufchen machen trägt ihn Frauli mitten in die Wiese. Sofort dreht er sich um, jammert ein wenig und läuft schnurstracks wieder heim. Ansonsten ist er recht handsam*, wenn ich ein bisschen mit ihm getollt habe, fällt er gleich wieder vor seinen Fressnapf und schläft eine Runde.

Na, ich würde es ja nicht offen zugeben, aber dir, liebes Tagebuch, kann ich es ja anvertrauen: nett ist der schon, der Zwerg, und so fürchterlich anhänglich. Der himmelt mich total an! Es hat schon was, so ein großer, erfahrener Vorzeige-Berner zu sein.

---

* *gemütlich, leicht zu lenken*

Die Fanny ist ein Ekelpaket, wie es im Buche steht. Frauli sagt gelassen: „Das wird schon, unseren Charles hat sie auch zwei Wochen ignoriert und dann konnte sie ohne ihn nicht mehr sein!“ Aber den Kleinen murrt sie wirklich bei jeder Gelegenheit an, der darf nicht mal bei ihr vorbeigehen. Nur, die Hausfrau weiß, mit Speck fängt man Mäuse: Fressen gibt es nur noch gemeinsam, wir haben zwar jeder eine eigene Schüssel, aber die stehen nebeneinander, die Fanny (hungrig ist die ja immer!) hat somit gar keine Zeit zum Knurren.

Alte Dame hin und weg

Da schau an! Der Mini-Schlaumeier hat die alte Dame schon um den Finger gewickelt. Mich nervt diese Quietscherei ja fürchterlich, aber bei der Fanny dürfte er hier den wunden Punkt erwischt haben. Er jammert und schon kommt sie angetanzt, zuerst nur von weitem mit einem seitlichen Blick und jetzt muss sie schon immer ganz genau schauen, ob ihm was fehlt. Natürlich fehlt ihm nichts, der drückt nur auf die Tränendrüse, um beachtet zu werden. Ich bin echt gespannt, wann er an ihren Fressnapf darf, weil ich durfte das nie.

Wie schon erwähnt, bei mir stößt er mit seiner Jammerei auf taube Ohren, deshalb versucht er es auch gar nicht mehr. Mich bellt er rotzfrech an, wenn er spielen will. Zugegeben, es macht auch Spaß, mit so einem Knäuel in der Wiese rumzubalgen. Wenn es ihm zu viel wird, legt er sich auf den Rücken und rührt sich nicht mehr, dreh ich mich um und gehe weg, springt er sofort wieder auf und zwickt mich in die Beine.

Danny (Denis) hat es faustdick hinter den Ohren, kann ich da nur sagen. Und verfressen ist der Balg – unglaublich. Frauli sagt zwar, ich hätte auch so viel gefressen, aber das glaub ich nicht. Bitte! – Ich habe eine Traumfigur! Aber wenn der Mops weiter alles in sich reinstopft, wird er bald platzen!

Unfassbare Zeilen haben uns heute erreicht:

Liebe Freunde!

Wir müssen EUCH heute eine sehr traurige Nachricht übermitteln. Unsere Cora ist durch eine Vergiftung heute von uns gegangen.

Liebe Grüße
Familie Mulle, Farah und Anna

Meiner lieben Schwester Cora ...

Ich bin so bestürzt von der Nachricht über den Tod meiner Schwester, ich kann es nicht fassen. Wir haben erst kürzlich unseren ersten Geburtstag gefeiert, sie hat die erste Ausstellung mit Bravour geschafft, erst vorige Woche noch haben wir so toll zusammen gespielt, als wir unseren kleinen Danny abgeholt haben.
Alle Hundebabys sind nun bei ihren neuen Familien, Cora hat tolle Arbeit geleistet. Und jetzt ist sie nicht mehr da. Was ist da los, wie kann das sein, warum jetzt?
Oft liest mein Frauli in der Zeitung von Mensch und Tier, die durch schlimme Umstände plötzlich nicht mehr da sind. Aber immer ist es so weit weg, immer trifft es irgendjemanden, den man eh nicht kennt. Traurig, aber es blättert doch leicht ab.
Ich bin durcheinander und sehr traurig, da schmiegt sich die Fanny an mich und erzählt:

Meine Welpenzeit

Ich erinnere mich an die Zeit, wo ich so ein Baby war wie unser Zwerg Danny jetzt, da gab es eine alte Hündin Namens „Daisy". Sie war Fraulis Liebling.

Die Daisy hat mich damals sofort angenommen wie ihren eigenen Welpen, ich war auch erst acht Wochen alt, als ich von meiner Mutter wegging. Ich hatte zwölf Geschwister und eine ganz junge Mutter, die einfach mit den vielen Welpen nicht klarkam, und so passte es gut, dass die Daisy mich so lieb hatte.

Wir haben in den knapp zwei Jahren, die wir miteinander hatten, sehr viel zusammen erlebt. Es hätte immer so weitergehen können, ich war so glücklich und doch kam eine Zeit, die alles völlig veränderte ...

Daisy's letzte Tage

Wir hatten wieder mal richtig Spaß. Obwohl es für Daisy manchmal sicherlich schon mühsam war, mit mir herumzutollen, ließ sie sich kaum etwas anmerken und hat mit mir getobt, bis ich wieder genug hatte, und das konnte manchmal sehr lange dauern. Zuhause hatten wir rund um unsere Terrasse eine kleine Hecke, die im Normalfall einen halben Meter hoch war, doch an einer Stelle lag die Terrasse etwas tiefer und so wurde hier die Differenz schon beinah einen Meter hoch.

Mir egal, ich „Springginckerl" hüpfte über alles, was mir in den Weg kam und die Alte mir hinterher, und wenn ich sie lange genug geärgert hatte, dann war sie wirklich hinter mir her. Und so kam es auch dazu, dass die Daisy im Galopp über diese hohe Hecke sprang, unglücklich aufkam und sich wohl etwas zu wenig abrollen konnte – in diesem hohen Alter ja auch kein Wunder. Schließlich war sie zu dieser Zeit schon gut zehn und ein halbes Jahr alt. Ein kurzer Aufschrei, der allen durch Mark und Bein fuhr, sie war ja überhaupt nicht schmerzempfindlich. Bis die mal jammerte, dauerte es schon lang und meist war dann wirklich was los. Von da an ging es nicht mehr so gut. Ich habe mich die nächsten Tage sowieso nicht mehr getraut, sie zum Spielen aufzufordern, sie tat mir richtig leid und ich war auch nicht sicher, ob nicht ich die Schuldige war.

Frauli fuhr mit ihr natürlich zum Tierarzt, der konnte aber nichts machen. Sie hatte Arthrose, was auch im Hundalter durchaus sein kann, und er sprach schon beim ersten Besuch von einschläfern. Das war natürlich kein Thema und so bekam sie täglich Schmerzmittel. Der Zustand verbesserte sich so weit, dass sie zumindest am Leben teilnahm und auch wieder normal fressen konnte. Aber nach kurzer Zeit fiel auf, dass sie so extrem viel Durst hatte und somit war der erneute Weg zum Tierarzt unumgänglich. Der Arzt stellte fest, dass sie nun auch noch an Altersdiabetes litt, und er meinte wieder, Frauli solle sie dalassen, das sei das Beste.

Kein Thema, wo die Daisy Tierarztpraxen sowieso nicht gerne mochte, sie hielt auch diesen Geruch nicht aus. Sonst so unerschrocken und stark, aber vor einer Praxis bekam sie die Krise und ganz weiche Knie. Also nahm Frauli auch noch ein Spritzenset für die täglichen Diabetesspritzen mit nach Hause. Auch das ging wieder eine Weile gut und wir dachten alle, jetzt hätte sie die Kurve gekriegt.

Einmal hörte ich, wie Frauli zu Daisy sagte, sie brauche keine Angst haben, sie würde sie begleiten, so weit sie könne. Das sei sie ihr schuldig und sie versicherte ihr, dass sie zuhause in Frieden sterben würde.

Frauli war sehr verändert in diesen Tagen. Sie hatte doch tatsächlich einige sehr enge Freunde von uns informiert, sie möchten, falls sie sich von Daisy verabschieden wollten, bald vorbeikommen, Daisy wollte heimgehen!

Ganz hatte ich nicht realisiert, was sie damit meinte. Schließlich waren wir doch zuhause. Freunde kamen und gingen abwechselnd entweder noch ein paar mühevolle Meter mit ihr spazieren oder saßen in der Sonne und streichelten sie, ich durfte nicht dabei sein.

Eines Morgens hatten wir wieder eine schlimme Nacht hinter uns, weil Daisy es nicht mehr rechtzeitig zum Äußerln geschafft hatte. Frauli hat alles weggeputzt und nicht geschimpft. Auch das hab ich nicht so recht verstanden, ich wurde immer angemault, wenn mal was danebenging (was ja bei mir immer noch vorkam) und jetzt sagte sie gar nichts. Ich konnte mich aber auch nicht erinnern, in den Jahren jemals gesehen zu haben, dass meiner Ersatzmami so was passierte.

Es war ein wunderschöner sonniger Tag im April, Frauli verpasste unserem Patienten noch die Diabetesspritze und dann – wir wollten los zur Arbeit (Frauli's Arbeit) –fing die Daisy ganz plötzlich in der Garage an zu zucken und zu taumeln, sie krachte gegen alles, was hier herumstand, und mit Entsetzen sah ich, dass ihr Schaum aus dem Maul herausquoll. Frauli, wie immer ganz ruhig, stützte sie wo sie konnte, und als sie einigermaßen ruhig wurde, half sie ihr, sich hinzulegen. Sie holte ihren Lieblingsschlafplatz, legte die Matratze in die Sonne vor unserem Haus und half unserer Patientin, es sich bequem zu machen. Dann ging sie kurz weg, um zu telefonieren, ich blieb da und schleckte meine Mami am Kopf ab.

Da hat sie zu mir gesagt: „Mein liebes Kind, es wird nun Zeit, dass wir uns verabschieden, ich bin müde und möchte gehen. Du wirst nun an meine Stelle treten und die Verantwortung übernehmen. Du weißt, dass du hier deinen Platz hast. Der Platz ist gut, so wie ich hier ein Heim und sehr, sehr viel Liebe gefunden habe, so bist auch du hier daheim. Keiner weiß, wie lange dieser Aufenthalt sein wird, aber genieße jeden Tag, und vor allem, gib jeden Tag dein Bestes."

Ich hatte damals in meiner Jugend nicht recht verstanden, was sie damit sagen wollte, nur heute kann ich es dir sagen: Wann immer der Weg auch zu Ende ist, auf die Länge kommt es nicht an (es ist immer zu früh), es kommt darauf an, wie und mit wem du diesen Weg gehen durftest!"

Cora ist sicherlich zu früh gegangen und doch hatte sie eine wunderbare Zeit und sie hatte sicher sehr viel gegeben. Vielleicht war es ihre Aufgabe, beim Aufziehen dieses Wurfes zu dienen, die Familie für ein Jahr glücklich zu machen?

Frauli hat übrigens ihr Versprechen gehalten. Sie hat den Tierarzt bestellt, der nach einer genauen Untersuchung feststellte, dass Daisys Körper kaputt und ausgebrannt war, nur ihr Herz war jung geblieben.

Frauli musste eine ihrer schwersten Entscheidungen treffen, und so hat der Tierarzt die Betäubungsspritze gesetzt. Daisy schlief in Fraulis Armen und auf ihrem Schoß, in der Sonne an einem herrlichen Tag und in ihrem Zuhause ein. Der Tierarzt setzte die letzte Spritze und Frauli hielt ihre Hand auf Daisys Herz und spürte ihren letzten Herzschlag. Wenn Frauli über ihre Rottweilerhündin spricht, sagt sie immer: „Das war eine wunderbare Seele."

Ja, das ist es, meine liebe Cora, so wirst auch du weiterleben – in unseren Herzen.

Dein Charles

Lieber Charles,

danke für deine rührende Erzählung von „einer wunderbaren Seele"!
Die Tränen sind wieder geflossen – aber es ist auch eine schöne Beschreibung über den Kreislauf des Lebens. „Der eine geht … um dem anderen Platz zu machen!"
Nur manchmal ist es eben so verdammt früh und unbegreiflich.
Aber, unsere Freunde sind jede Träne wert, ob sie uns nun lange Jahre begleiten oder nur kurz unser Leben bereichern.
Nur wer vergessen ist, der ist tot.
Und unsere „Cora" werden wir alle NIE VERGESSEN!

Viele Pfötchen
von einem sehr traurigen „Onkel Sam"

Rückgaberecht

Der kleine Racker ist so ein Jammerlappen! Er weicht unserem Frauli nicht vom Rockzipfel. In der Nacht schläft er immer noch neben ihrem Bett und manchmal sogar darunter. Kaum geht sie aus dem Raum, ist er sofort hellwach und verfolgt sie auf Schritt und Tritt. Davon muss der Spruch kommen: „Der verfolgt mich wie ein junger Hund!" Die Fanny behauptet zwar mit einem breiten Grinsen im Gesicht, ich war genauso, aber das kann ich nicht glauben.

Hoffentlich hat mein Frauli gut verhandelt und ein Rückgaberecht eintragen lassen, weil ich denke, davon sollten wir langsam Gebrauch machen! Andererseits ist er aber schon so frech. Gestern stand er plötzlich in der Küche und schimpfte an der Terrassentür hinaus, nur weil draußen die Gießkanne umgefallen war, zum Kugeln sieht das aus, wenn er sich zum Bellen aufbaut. Wo der Zwerg nur die Stimme hernimmt? Er lässt sich oft gar nicht beruhigen.

Mit dem Laki machen gibt es auch noch Differenzen. Da er, außer zum Spielen mit mir, keine Notwendigkeit sieht, das Haus zu verlassen, muss ihn immer noch jemand tragen. Am Besten weit genug weg, damit er zumindest ein Stück zurücklaufen muss. Kaum spüren seine kurzen Beinchen den Boden, macht er eine prompte Kehrtwendung und läuft nach Hause. Wenn nun die Haustüre mal zu ist, fängt er fürchterlich an zu jaulen. Neuerdings hat er schon entdeckt, dass das Haus einen zweiten Eingang hat, schnell fetzt der Oberschlaumeier um die Ecke, um hier sein Glück zu versuchen, da könntest du dich kugeln mit dem Balg.

Beim Häufchenmachen hat er dieselben Allüren wie ich. Erst der dritte oder vierte Platz ist für seinen Stinker der Richtige und das auch nur, nachdem er sich einige Male rundum gedreht hat.

Gestern hatte er wohl Flitzekacke – da war was los! Er ist ja nun doch noch ein Zwerg. In dem Stück Wiese, das er auserkoren hatte, um sein goldenes Ei zu legen, ist das Gras aber derzeit hoch.

Die Flitzekacke fiel also nicht zu Boden, sondern blieb an den Halmen kleben. Sein ganzes Fell war angeschmiert und gestunken hat der Kerl wie Nachbars Güllefass. Er wurde nicht mal im Haus in die Dusche gesteckt, nein, Frauli hat ihn mit der Gießkanne im Garten einige Male übergossen und abgeschrubbt.

Fanny und ich haben das bunte Treiben von weitem beobachtet, nur um sicherzugehen, dass sie nicht gleich auf die Idee käme, es ginge in einem Aufwasch. Schließlich weiß man nie, was Frauen alles einfällt, wenn sie mal in Aktion sind.

Völlig beleidigt, aber flauschig wie ein geschleuderter Wollknäuel, ist er den Rest des Tages auf seinem Schlafplatz geblieben.

Der verhexte Fressnapf

Gestern hab ich Danny beim Schlafen beobachtet. Er macht ständig irgendwelche Geräusche wenn er schlummert, aber diesmal war es besonders schlimm. Plötzlich fing der Zwerg an zu zucken. Ich glaube, jeder einzelne Muskel hat sich bewegt. Ich hab mir schon Sorgen gemacht, vielleicht war er krank oder hatte gar einen Anfall. Wäre mir jetzt arg, wenn der Wurm nicht gesund wäre. Zuerst war es ein unkontrolliertes Reißen und Zucken und dann sah es aus, als wollte er laufen. Alle vier Beinchen und Pfoten haben sich bewegt.

Ich stellte mir vor, er hätte folgenden Traum: Vor ihm ein riesiger Fressnapf mit den tollsten Leckerein gefüllt. Über den Rand hinaus mit Knödeln, Reis und Nudeln und noch mehr. Das sind ja himmlische Aussichten – endlich fressen, bis der Wanst richtig voll ist. Danny springt auf und läuft zum Schlaraffenland – doch plötzlich: die Schüssel bewegt sich. Erstaunt bleibt er stehen – der Fressnapf auch! Langsam tastet er sich mit erhobener, schnuppernder Nase voran – der Fressnapf bewegt sich im selben Tempo davon! Danny bleibt wieder stehen und überlegt kurz: „Was ist jetzt zu tun? Vielleicht ist das Teil auch gefährlich, zuerst lockt es kleine Hundebabys mit Leckereien, um sie dann zu verschlingen. Das will wirklich gut überlegt sein, bevor man sich ins Vergnügen stürzt – wie hat meine Mama Anna immer gesagt? ‚Ihr müsst immer achtsam sein, keine gedankenlosen voreiligen Schritte, zuerst nachdenken und dann handeln!'"

Nach einer kurzen ruhigen Überlegungsphase springt Danny auf und rennt los. Nur, von Vergnügen kann hier keine Rede sein. Der verflixte Napf stürzt im selben Tempo davon. Die Hetzjagd beginnt, Danny fegt dem Napf hinterher und der vorneweg. Auf dem Fliesenboden unter dem Teppich durch, um die Stuhlbeine herum, an Fraulis Füßen vorbei, die sogleich einen spitzen Aufschrei ausstößt, durch das Wohnzimmer, durch das Esszimmer in die Küche. Da ist erstmals Stopp! Denn plötzlich bleibt der Topf stehen und Danny ist davon so erschrocken, dass er ebenfalls die Bremse zieht. Etwas zaudernd steht Danny dem Ungetüm, das immer noch herrlich riecht, gegenüber. Dieser, wohl auch etwas zögernd, wippt leicht hin und her. Danny erkennt den Ernst der Lage, schließlich ist der Napf in eine Sackgasse geraten und jetzt besonders gereizt.

Er überlegt kurz, wie er nun am geschicktesten vorgehen soll, weil, dass der Fressnapf jetzt der seine ist, ist klar! Gefährlich oder nicht, da muss er jetzt durch. Fest entschlossen wagt er einen kleinen Schritt auf den Napf zu, doch plötzlich ☹ ein kurzes, schrilles Jaulen! Viktoria ist ihm versehentlich auf den Schwanz getreten und aus war der Traum.

Nur gut, dass große Träumer ja sowieso bald wieder wegschlummern, und wer weiß, was es da noch zu erleben gibt.

Der erste Pickel

Meine Güte, wie ich aussehe! Vor Tagen schon hatte ich einen leicht geschwollenen Nasenrücken, Herrli meinte, ich sei irgendwo dagegen gedonnert (weil ich angeblich so ein blindes Huhn bin), Frauli meinte, ich komme in die pubertäre Phase, Mark glaubte, die Viktoria hat mich geschlagen und die Oma war sich sicher, dass ich vergiftet wurde!

Gestern wurden es dann schon mehrere rote Hubbel und heute Morgen lief ich am Spiegel vorbei und erschrak fürchterlich – wer war der ekelige Typ in unserem Haus? ☹ Hilfe, ich sah aus wie der Streusel-Kirschkuchen mit Schokosplittern, den Frauli kürzlich gebacken hat und von dem ich eine klitzekleine Kostprobe bekam.

Die Schwellung von gestern war heute aufgeplatzt und außerdem waren gleich noch viele Hubbel dazugekommen. Keiner rührte mich mehr an, alle verzichteten auf meine Zuneigung, nicht mal mein Herrli schmuste mehr mit mir. Wir gingen also wieder einmal zum Doc. Der begrüßte uns überschwänglich (sogar am Samstag), kein Wunder auch – wenn ich mir anschaue, wie viele Scheinchen hier immer den Besitzer wechseln!

Der Mann verpasste mir gleich wieder eine Spritze, aber das regte mich diesmal gar nicht auf – Hauptsache es half und ich war bald wieder schön. So entstellt konnte ich nicht aus dem Haus und auch nicht zu meiner Freundin gehen. Dann bekamen wir noch eine Schachtel Tabletten mit. Zum Glück hat er diesmal nichts über meine Futterration gesagt, also vom Fressen kam es nicht!

Der dampfende Apfel

Der Knirps war nicht wählerisch, was den Speiseplan betraf. Gestern hat er eine Nacktschnecke aufgesammelt, nachdem er sie wieder ausgespuckt hatte, hatte er aber sein Weh und Ach! Schnell wie Schnecken nun mal sind, hat die sich sofort in seinem Fell versteckt und da blieb sie auch – bis Frauli mit der Schere kam und ein Loch in sein Fell schnitt.

Heute beim Morgenspaziergang, jetzt traut er sich schon bis zum Ende des Obstgartens (ohne Frauli's Rockzipfel), sind wir an ganz frischen dampfenden Pferdeäpfeln vorbeigelaufen. Auf dem Rückweg, nach verrichtetem Geschäft, nahm Danny sich ein großes Stück davon und rannte los. Frauli schreiend hinterher. Bevor er damit ins Haus laufen konnte, schmiss jemand die Türe von innen zu – zum Glück. Also suchte er sich im Garten ein ruhiges Plätzchen und verspeiste den Apfel sofort. Bis Frauli hinkam, war er schon verputzt.

Aber der soll ruhig fressen, Mark sagt, wir brauchen eh ein Spanferkel zum Grillen für die Einweihungsparty unseres neuen Nachbarn (die Fanny ist bestimmt schon zu zäh, ansonsten würde die schon ausgeben, hihihi).

Seit meinen letzten Durchfall mit der dazugehörenden Hungerkur bin ich etwas vorsichtiger geworden. Unangenehme und urpeinliche Geschichte kann ich nur sagen. Außerdem zickt mein Herrl immer so rum und meint, er müsste einige Tage Schmuseeinheiten streichen. Ihm graust so, da darf ich nicht in seine Nähe, wenn er gesehen hat, dass ich so unanständige Mineralien zu mir nehme.

Ich habe mich im Moment auf richtige Äpfel und Birnen spezialisiert, die der Wind in der Nacht von den Obstbäumen schüttelt. Meine Darmflora ist dank dieser Kur in bestem Zustand und meine Figur auch. Und mein Herrl schätzt es auch sehr, muss er doch vor dem Rasenmähen weniger aufsammeln.

Der Knirps ist weg

Die Aufregung im ganzen Hause ist groß! Frauli kann Danny nicht finden. Sie hat ihn und Fanny vor einer halben Stunde in den Garten gelassen, zum Laki machen. Die Fanny sollte aufpassen – sollte ja kein Problem sein für so einen alten Haudegen, auf diesen Zwerg aufzupassen. Doch die Fanny ging zur Tür rein und legte sich ohne mit der Wimper zu zucken unter den Tisch. Das gab aber ein Donnerwetter, die Fanny hat ordentlich Schimpf gekriegt.

Und schon stürzten alle hinaus, um den Knirps zu suchen. Jeder in eine andere Richtung. Frauli rannte die Wiese runter, wo das Gras noch hoch war, keine Zeit mehr, die Schuhe zu wechseln, obwohl sie fast im Dreck versank. Oma rannte über den Parkplatz, mit den aufbauenden Worten: „Bestimmt hat ihn jemand mitgenommen." Und unser Junior fuhr logischerweise mit dem Auto los – was sonst (seit der Führerschein und Karren hat, geht der keinen Meter mehr zu Fuß).

Nach einer Weile kam alles ganz atemlos und noch nervöser zurück – Danny blieb verschwunden. Wenn man mich nicht ständig meiner Freiheit berauben würde, wäre das gar nicht passiert. Aber mein Freiraum wurde wieder unter der großen Weide eingeschränkt, nur weil ich eine neue Flamme hatte, der ich ab und zu meine Aufwartung mache. Jetzt waren sie wieder voll kleinlich! Das hatten sie davon, man kann auch so einer alten Lady mit einem ohnehin angeborenen Sehfehler nicht ein quirliges Baby anvertrauen. Noch dazu, wo der perfekte Babysitter im Haus wäre. Und was würde es dem Kleinen schon schaden, wenn ich ihn gleich mal in der Gegend vorstelle?!

Auf jeden Fall waren das Donnerwetter und der Tumult groß. Frauli verdächtigte ernsthaft die Fanny, dass sie den Kleinen absichtlich ausgesetzt hätte. Zum Glück, bevor hier der Familienkrach ausbrach, spazierte unser „Möchtegernberner" rotzfrech und klitschnass zur Terrassentür rein, legte sich neben die Fanny und schlief gleich ein!

Hallo Charles!

Entweder ihr befestigt am „Zwerg Danny" einen neonfarbigen Luftballon oder ihr stattet ihn mit einem Peilsender aus. Die arme Fanny soll sich jetzt, auf ihre alten Tage, mit Kinderkram abmühen … da hat sie schon recht, wenn sie streikt. Du hättest Lust und Laune, ihm die große, weite Welt zu zeigen, aber du wirst nicht gefragt. Sehr ungerecht!

Frag mich einmal, wie es bei mir jetzt so zugeht!
Fenster auf – Kater raus – Kater rein – Fenster zu.
Er ist ein leidenschaftlicher „Fenstersitzer", nur an der Haftkraft fehlt es bei ihm gewaltig. Der stürzt oft genug vom Sessel … da ist die Höhe aber nicht so ungesund. Bei circa sieben Metern würde die Sache schon anders aussehen. Und deswegen haben wir das Schleusensystem eingeführt. Im Garten kommt er mit seinen fünf Metern Leine auch schon ganz gut zurecht. Inzwischen bringt er schon fast zwei Kilo auf die Waage und hat mehr Kraft.
Klauen tut der übrigens auch! Jedes Mal – seine Schüssel ist prall gefüllt – kommt er an meine Futterstation, schiebt mit der Pfote sanft meine Schnauze beiseite und holt sich einen Futterbrocken heraus. Inzwischen lasse ich mich davon allerdings nicht mehr beirren und fresse einfach weiter.

Viele Pfötchen
von deinem „Onkel Sam"

Wir hätten doch besser eine Katze nehmen sollen

Also, der kleine Racker ist der totale Wahnsinn, die ersten Wochen ist er, wie ich schon erzählt habe, nicht von Fraulis Rockzipfel gewichen und jetzt gibt er doppelt Gas! Bestimmt fünfmal am Tag treibt er sich hinten am Komposthaufen herum, ständig hat er ein verschmiertes Maul. Und ich krieg immer geschimpft, weil ich ihm angeblich diesen Blödsinn gezeigt habe. Dabei geh ich schon lange nicht mehr zum Kompost. Nach der letzten Flitzekacke und der dazugehörenden Futterpause hab ich echt genug.

Oma schmeißt die Gemüse- und Gartenabfälle auf den Haufen = Hühnerfutter, dabei haben wir schon lange keine Hühner mehr. Frauli deckt das Ganze immer wieder mit Erde ab. Ich frag mich, was er da überhaupt sucht?

Wenn der kleine Trottel die Überreste der Henne vom letzten Sommer ausgräbt, ist aber was los, dann kündige ich ihm die Freundschaft! Schließlich habe ich fast ein Jahr gebraucht, um mein Image aufzupolieren, und der würde es wieder kaputtmachen.

Außerdem ist es voll anstrengend, mit ihm zu spielen. Jetzt hat er schon begriffen, dass, wenn er mich ins Fell beißt, mir das gar nicht weh tut, er hat immer nur ein Maul voller Haare, deshalb beißt er mich neuerdings in die Vorderpfoten und das schmerzt. Ich muss total aufpassen, dass er mich nicht erwischt. Und schnappe ich mal zurück, jault und jammert er gleich los ◎ kannst dir ja denken, dass ich sofort wieder der gemopste bin: „Charles, kannst du nicht aufpassen, das ist noch ein Baby!“, heißt es dann. Das ist kein Baby ◎ das ist ein kleiner Teufel mit 1000 Faxen in der Birne.

Mutter Teresa

Heute in aller Herrgottsfrüh bog ich zusammen mit meinem Morgenmuffel (meinem Herrl) im Garten auf den Schotterweg am Haus ein und wäre beinah über einen Minipiepmatz gestolpert, hätte unser Frauli und Adlerauge nicht einen Schrei ausgestoßen. Sie war auch schon auf Achse und hatte den Zwerg auch schon entdeckt. Ein Vögelchen in der Größe einer Zwetschke und das Federkleid noch in Tarnfarbe gehalten, drückte sich ängstlich flach auf den Kies. Wir schauten uns um und entdeckten unterm Dach ein kleines Nest mit weiteren Piepmätzen drin. Frauli überlegte kurz und dachte sich einen Rettungseinsatz aus.

Sie schleppte die lange schwere Leiter an, stellte sie an die Mauer und fuhr sie aus, bis diese oben am Dach anstieß. Ich war ihr eine große Hilfe, ich trug nämlich den Korb. Dann zog sie sich neue Gummihandschuhe über, rieb diese noch mit Erde und Gras ein, sammelte die Zwetschke in meinen Korb ein und stieg damit die Leiter rauf. Mir wurde schlecht, wie ich nach oben schaute, aber tollkühn wie sie nun mal war …

Zwei ältere Vögel, die schon beim Anlegen der Leiter zur Rebellion aufgerufen hatten, rasteten jetzt völlig aus und flogen Attacke gegen Mutter Teresa samt Bodenpersonal (meine Wenigkeit). Bestimmt waren das die Eltern des kleinen Vögelchens. Ein Aufruhr war das im Garten, man konnte meinen, die gesamte Verwandtschaft rückte an, um uns zu lynchen.

Aber ich hielt die Stellung! Bei meinem dicken Fell kratzte mich das wenig und Frauli schaute sich gar nicht um. Oben angekommen nahm sie den Piepmatz und setzte ihn ins Nest; plötzlich – im selben Moment sprangen die anderen drei aufgeschreckt hoch und segelten nach unten.

Da hatten wir den Salat! Ich war am ganzen Rücken angekackt, mein Fell konnte ich wegschmeißen – das war hin. Der Eine, für den wir den Einsatz arrangiert hatten, blieb auch nicht alleine oben und segelte wieder runter. Zwei der Piepmätze saßen in der Wiese, einer saß in einem Strauch und Nummer vier fand ich erst nach langem Suchen, der hatte es sogar über die Straße geschafft. Jetzt war guter Rat aber teuer!

Frauli telefonierte erstmal mit dem Tierarzt, der meinte, wir sollten die Vogelkinder unter einen Baum in die Wiese setzen und beobachten, was die Eltern machten, vielleicht war heute sowieso der „Große Tag“ und sie wurden flügge – was er uns wünschen würde, ansonsten hieße es nämlich, weitere vier Mäuler zu stopfen (als wenn wir nicht schon genug zu tun hätten).

Und so machten wir es. Ich blieb sitzen und beobachtete aus sicherer Entfernung das Treiben. Nicht dass jetzt noch was schiefging und womöglich Nachbars Katze antanzte. Mit etwas Nachhilfe beziehungsweise Einzelunterricht hoben endlich zwei der Frecheren ab. Die anderen benötigten schon ein wenig mehr Flug- beziehungsweise Federschwingunterricht und ich glaube, erst der Kohldampf hat sie dann doch dazu bewogen, endlich abzuheben. Endlich war es wieder still im Garten. Die gesamte bucklige Verwandtschaft haute auch ab!

Als Frauli nachschauen kam, lag ich geschafft unter meiner Weide und schlief so fest, dass ich sie gar nicht kommen hörte. Sie gönnte mir eine Extra-Fellpflege mit warmem Wasser aus der Gießkanne und eine Banane als Belohnung für besondere Verdienste …

Fang den Wedel

Wer kennt das Spiel? Also ich bin super. Ich trainiere täglich und schaffe nun schon neun Runden ohne Unterbrechung. Niemand muss mir den Schwanz halten, ich bekomm ihn selbst zu fassen und schon geht's los.

Kein Wunder, ich bin gelenkig, rank und schlank. Mein Frauli ist immer um mein leibliches Wohl bemüht, ernährt mich gesund und abwechslungsreich. Na ja, und mein Herrl würde mir sowieso kein Gramm zu viel in meine Schüssel legen. Kurzum, ich bin topfit.

Aber der kleine Kerl, unser Neuzugang, der verfressene Wicht, der ist ja der Schlimmste. Er kommt nicht mal an seine Hinterbeine, so kugelrund ist er. Er beißt sich an meinem Schwanz fest und lässt sich einige Runden mitziehen. Da komm ich auch ins Schwitzen, mit so einem Gewicht hintendran. Wenn der sich richtig festgebissen hat, dann lässt er auch nicht los, egal, was ich mache und egal, wohin ich ihn ziehe. Da muss mein Frauli kommen und ihm sein Maul aufdrücken und dann mault er auch noch.

Aber unter uns gesagt: süß ist der kleine Racker schon, und er himmelt mich an, von früh bis spät. Egal, was ich auch mache, er trottet mir hinterher (wenn er nicht schläft) und versucht alles nachzumachen, das sieht oft zum Kugeln aus. Es ist ein schönes Gefühl und macht mich ein bisschen Stolz, der große Bruder zu sein.

Juli

Dieser Juli ist der Hit und unser neuer Mieter auch. Ja, wir haben einen Mieter; keine Ahnung, wo der so schnell herkam, mein Herrl sagt: „Er ist uns zugelaufen!"

Egal, mir ist er voll sympathisch, er ist nämlich zu meinem großen Vergnügen Frühaufsteher, begeisterter Schwimmer und Jogger. Fast jeden Morgen nimmt er mich mit. Wenn das Barometer in Richtung Hitzerekord klettert, fahren wir zum Baden an den See. Kaum zu glauben, aber wahr – ich schwimme jetzt schon ohne große Überredungskünste los. Mein Fell wird dadurch auch immer weicher und schöner, einfach herrlich!

Der „Neue" spielt im Auto immer das Lied: „Dieser Körper ist der nackte Wahnsinn!" ☺ – ich bin noch nicht dahintergekommen, ob er sich damit aufbaut und den Tag versüßt oder meinen Luxusbody bewundert. Vielleicht ist aber auch ein Hauch von Neid dabei, weil ich halt gar so gut geraten bin und die Mädels am Straßenrand mit großen Augen stehen bleiben und mir nachschauen. Das möchte er sicher auch mal haben! ☺

Ist es nicht ganz so heiß, joggen wir die Vier-Kilometer-Runde am Waldrand und am Bach entlang. Wenn ich heimkomme, bekomme ich mein Frühstück und dann schlaf ich eh mal den halben Vormittag und hänge meinen Träumen nach. Wenn Frauli mich zu Mittag holen kommt, bin ich wieder ausgeschlafen und fit. Meist renn ich ein paar Runden mit Danny durch den Obstgarten.

Der kleine Racker braucht jetzt besonders viel Zuwendung. So einem Zwerg muss man ja wirklich alles beibringen, Birnen fressen, Äpfel verbuddeln, Leine ziehen, Holz tragen, Gras zupfen und vieles mehr. Das Wichtigste wäre allerdings, dass der endlich schnallt, wo er seinen Haufen hinsetzen soll. Der Dummkopf kommt immer auf unsere Seite der Wiese, er lässt rinnen, wo es ihm einfällt, und seine Haufen liegen auch überall rum. Gestern hab ich ihn beobachtet, wie er die Vorderpfoten in die Wiese stellte und das Hintergestell auf dem Asphalt blieb, im selben Moment machte er Anstalten, sein Häufchen zu machen, und auch Fraulis Brüller konnte nicht mehr verhindern, dass zumindest das erste Stück der Wurst auf die Straße fiel.

Es war schon einige Überredungskunst (mit Nachdruck) unseres Feldwebels nötig, endlich vom kleinen Rasen vor den Blumenbeeten wegzukommen. Jetzt geht er drei Meter weiter auf die Wiese, die auch zum Garten gehört. Wenn mein Herrl einmal wöchentlich mit dem „Alkomobil" – so nennen wir liebevoll Herrlis Rasentruck – darüberfährt, stinkt es bei uns wie auf einer Schweinefarm … ☹

Am Nachmittag hab ich dann Zeit für meinen Schönheitsschlaf. So alte Häuser haben schon etwas Gutes. Bei den sommerlichen Temperaturen sind wir Berner, „groß und klein", dankbar, im Haus herumliegen zu dürfen, da ist es überall erfrischend. Manchmal hau ich mich in den Erdkeller, mein Herrl lässt mir extra die Tür offen und ich schaffe es auch schon die steile Treppe nach unten, ohne zu strudeln und abzustürzen. Da unten ist es superkühl und ruhig, ein Traum für einen Berner.

Nur die Fanny knallt sich manchmal in die glühende Hitze, bis ihr braunes Fell dampft. Komisch ist die schon. Das wird an der Rasse liegen. Oma sagt: „Sie ist eine reinrassige Straßenkreuzung." So sieht die auch aus: kurze, dünne zarte Beinchen auf Pfoten, kaum so groß wie Kieselsteine. Darauf ein Rumpf so breit und rund wie ein 50-Liter-Bierfass, der Hintern genauso breit und abgehackt mit einem fast haarlosen Schwanz, der im oberen Drittel drinsteckt wie ein Hydraulikschlauch. Die Vorderfront spitz zusammenlaufend, der Kopf schmal wie der einer Robbe mit langen Barthaaren, die sie steil nach vorne richten kann, wenn sie übermütig ist. Ihre Schlappohren sind wohl kaum größer als von einer Feldmaus. Und die Augenbrauen sehen aus wie ein zweites Augenpaar. Aber ihre Augen; ☺ Augen, so tief wie ein Ozean, so weise und weich wie die eines Rehs. Kurzum – meine Ersatzmama ist und bleibt eine Schönheit. Egal wie die Rasse nun heißt, ich liebe sie und ihre Geschichten.

Über diese und ähnliche Dinge lässt es sich gut sinnieren, wenn draußen die Sonnenstrahlen die Luft flimmern lassen und ich entspannt auf meiner kühlen Unterlage im Vorraum oder im Keller liege und scheinbar alle Zeit der Welt habe. Mein Schreiberling hat im Moment wenig Zeit, sich meine Geschichten aufzuschreiben, und deshalb genieße ich den Sommer und mach einfach Pause.

Oma möchte wieder Federvieh

Aus Rücksicht auf meinen Ruf dachte sie allerdings nicht an Hühner, nein, eine Nummer größer sollten sie sein. Da sie die Meinung vertrat, uns fressen bald die Schnecken auf, wurde im Familienrat diskutiert, ob wir wieder Enten haben sollten.

Fanny verdrehte die Augen und meinte nur: „Mein Gott, nein, jetzt fängt das Theater wieder an!" Mich erfüllte die Vorstellung mit Entzücken, noch mehr, weil ich doch jetzt jede Missetat dem kleinen Racker in die Schuhe schieben konnte. Ich konnte Fannys Unmut nicht verstehen. Die Familie hatte viele Jahre Enten, alle vor meiner Zeit, und die Fanny wollte mir einige Geschichten davon erzählen und sagte: „Also es ist so … "

Die neue Entengeneration

... wir haben im Frühling acht junge gelbe Hausentchen bekommen. Den Sommer über sind sie groß und schneeweiß geworden, mit dottergelben Beinen und dicken Schnäbeln, nur im Herbst waren es nur noch fünf. Es spielen sich da richtige Tragödien ab, wenn so ein Federvieh sein Leben lässt, noch dazu, wenn es nicht ganz eines natürlichen Todes stirbt, sondern durch die Einmischung von Menschenhand.

Um genau zu sein – der Mensch (= Oma) war der Meinung, die kleinen Entchen benötigten unbedingt eine Wasserstelle und so hat sie mit relativ großem Aufwand eine alte Badewanne besorgt und im Garten eingegraben. Die jungen Enten waren aber anfangs gar nicht so wild auf die Erfrischung, im Grunde genügten die Pfützen nach den heftigen Regengüssen, die regelmäßig niedergingen. Anfangs wuchsen die Entchen unterschiedlich schnell heran und auch das Federkleid sah bei den einen bereits glänzend und bei den anderen noch ruppig und stumpf aus. Dieser Unterschied war wahrscheinlich auch der Grund, weshalb die einen bereits vorsichtig die Badewanne nutzten und die anderen noch skeptisch zusahen. Letztere stellten sich sogar bei heftigen Regengüssen dicht ans Haus gedrängt unter den Balkon.

Natürlich habe ich die Jammerlappen als fleißiger Junghund auf Geheiß meines Fraulis mit großem Vergnügen wieder in den Regen gejagt. Schließlich war sie der Ansicht, dass das ungezogene Federvieh nicht die Terrasse als Gackerlplatz zweckentfremden sollte.

Eines Tages, nach mehrstündigem Regen, konnten wir nur noch sechs Entchen beobachten, wie sie sich in einer großen Pfütze tummelten. Die Oma ist gleich ausgeschwirrt, um ihre Lieblinge zu suchen. Es dauerte nicht lange und sie wurde fündig. Nummer Acht lag bocksteif gefroren in der Wiese unterhalb der großen Hecke und Nummer Sieben stand auf Zehenspitzen in der

Badewanne, die durch den Regen randvoll geworden war; der Schnabel gerade noch unter der Wasseroberfläche, wie ein dicker Spazierstock sah die Leiche aus. Ganz steif war sie schon, einfach ertrunken. Ihr Federkleid hatte sich im Regen so vollgesaugt, dass sie beim Baden wohl untergegangen war wie ein Stein! ☹ Das Brett, das den Enten zum Rein- und Rausgehen dienen sollte, trieb auf der Wasseroberfläche …

Nummer Sechs war von Geburt an etwas mager und auch langsam und blieb oft irgendwo alleine quietschend stehen. Wir konnten uns anfangs gar nicht erklären, was das Entchen hatte. Solange alle zusammen waren, war alles in guter Ordnung, nur als die heranwachsenden Enten selbständig wurden und anfingen, in verschiedene Richtungen zu laufen, wurde der Jammer für unser Hascherl (so nannten wir das Kleinste) groß. Die anderen hatten mit zunehmendem Alter nämlich was anderes zu tun, als auf das Hascherl Rücksicht zu nehmen.

Als es dann eines Tages allein und laut schnatternd über die breite Gemeindestraße zum Nachbar lief, wussten wir es gewiss – das Entchen war blind! Es konnte sich wohl nur am Geruch oder mit dem Gehör orientieren. Wir konnten aufpassen wie wir wollten, eines Tages war es weg. Bestimmt hatte der Hühnerbussard zugeschlagen, den wir schon seit einigen Tagen beobachten konnten, wie er über unserem Hof seine Kreise zog.

Schlimm, und doch ist es das Leben selbst, das uns lehrt, nicht zu urteilen. So hat unser Entenküken bestimmt einem Bussardjungen geholfen, groß zu werden.

Die Geschichte vom Hatschek

Im Herbst wurden die Enten immer reduziert. Wie jedes Jahr griff die Oma zur Hacke (sie ist in der Kriegsgeneration groß geworden, da war es nötig, um die Familie auf dem Land ernähren zu können, zu solchen Maßnahmen zu greifen, und diesen Überlebensdrang kann man auch mit zunehmenden Alter nicht abstellen). Eigentlich waren alle froh, dass die Oma das machte, auch wenn die übrigen Familienmitglieder am besagten Tag die Augen verdrehten und die Nase rümpften, wenn sie die Körper mit gekochtem Wasser übergoss und die Federn ausrupfte. Kein anderer in der Familie hätte es getan und schließlich konnten wir nicht warten, bis das Federvieh auf natürliche Weise das Zeitliche segnete. Und wenn der wohlriechende Entenbraten das Rohr verlassen hatte und auf dem Tisch zu stehen kam, griffen doch alle ordentlich zu.

Die Enten wurden im Frühling angeschafft, um Schnecken zu fressen. Zudem bekamen sie die Speisereste, die in der Küche anfielen, und so verlebten sie einen herrlichen Sommer wie die Maden im Speck. Im Herbst waren sie dann so kugelrund, dass es ihnen gar nicht mehr in den Sinn kam, sich nach einer Schnecke – und sei diese noch so langsam und fett – zu bücken.

Also, wenn der Herbst kam, waltete unser Henker seines Amtes und schlachtete die meisten Enten, indem sie ihnen einfach in aller Herrgottsfrühe den Kopf abhackte. Das ging alles so schnell, dass weder die Familienmitglieder noch die Enten selbst was mitbekamen. Allerdings wurden zwei Enten auserkoren, im Normalfall ein Pärchen, das sich ohnehin schon zusammengefunden hatte, den Winter im Stall zu überdauern. Der Hintergedanke war nicht das mühsame Füttern und Ausmisten, wenn meterhohe Schneeberge den Weg zum Stall versperrten, nein, die Hoffnung auf Nachwuchs ließ sie jedes Jahr dieses Los wieder auf sich nehmen.

So war es erst wenige Tage her, dass das ausgesuchte Paar nun das Glück zu Zweit und den Herbst im Freien genoss, als am Abend, als es darum ging den Stall zuzusperren (weil auch Füchse Hunger haben), unser schöner weißer Enterich nicht da war. Tagsüber war die Familie unterwegs und keiner hatte eine Ahnung, wo die beiden sich rumgetrieben hatten.

Da es dieser Tage schon recht früh dunkel wurde, haben wir uns alle Sorgen gemacht und gingen ihn suchen. Es war schon sehr kalt und am Nachmittag hatte es ein wenig geschneit, so dass die Wiesen um unser Anwesen weiß waren und es bei Dämmerung wirklich schwer war, Omas weißen Liebling zu sehen. Die Oma war es aber, der das Glück hold war und die fast über ihn gefallen wäre. Er saß mitten in der Wiese und rührte sich kaum. Oma hob ihn auf und trug ihn nach Hause. Er machte keine Anstalten, sich zu wehren oder gar zu beißen, was er im Normalfall sicherlich getan oder zumindest versucht hätte. Also konnte man annehmen, dass er es ebenfalls als Rettung ansah.

Wir haben ihn in den Stall zu seiner Angebeteten getragen und zugesperrt. Am nächsten Morgen wurde er dann genauestens untersucht, weil ihn auch die wunderbare Sonne an diesem Spätherbsttag nicht ins Freie locken konnte. Die Untersuchung ergab – unser Enterich hatte sich ein Bein gebrochen. Zu dumm! Üblicherweise wäre er ein Fall für den Henker gewesen, Oma hätte ihm allein aus Gründen der Pietät schon das Leiden erspart.

Der Familienrat tagte und beschloss, dass wir in diesem Fall eine Ausnahmesituation hatten, weil wir nicht verantworten konnten, dass die Dame seines Herzens allein den Winter überdauerte. Sie würde sicher an gebrochenem Herzen und Einsamkeit jämmerlich eingehen.

Wie es zu diesem Unfall gekommen war, wussten wir nicht, aber wir nahmen an, dass ein fremder Hund ihn gejagt hatte, und wenn Enten aus dem Watschelgang heraus rennen, sieht das nicht nur sehr witzig aus, sondern ist eben auch gefährlich.

Was jetzt zu tun war, wussten Oma und Frauli sofort. Der Enterich sollte geschient werden. Es wurde ein Stöckchen in passender

Länge gesucht, eine fette Salbe aufgetragen und eine elastische Mullbinde fachmännisch drum herum gewickelt. Erstaunlich war, dass der Enterich keinen Mucks und auch keine Anstalten machte, sich in irgendeiner Form zu wehren.

Dieses Prozedere wurde nun alle zwei Tage wiederholt. Die erste Woche nach dem Unfall verließ er den Stall nicht freiwillig. Ab und zu setzten wir ihn in die Herbstsonne und am Abend trugen wir ihn wieder hinein. Seine Liebste ging nicht weit von ihm weg und umsorgte ihn mit viel Geschnatter. Er war ein männlicher Patient, wie es ihn auch unter Menschen gab – gerne krank und noch lieber umsorgt.

Nach einer Woche wollte mein Frauli den Heilungsprozess etwas beschleunigen und hat überlegt, eine Thermo-Sportsalbe aufzutragen, die ihr selbst auch schon gute Dienste bei etwaigen Verstauchungen getan hatte. Gesagt, getan, die Salbe wurde dünn aufgetragen und das Haxl samt Schiene wieder eingewickelt.

Zwei Tage später, als der Verband wieder erneuert wurde, war die Überraschung und der Schreck groß – der Verband war dottergelb und unser Hatschek hatte ein weißes Bein. Uuupps!

„Hatschek" (also Humpler) wurde er seither gerufen, weil er sich mit seiner Schiene nur noch eingeschränkt fortbewegen konnte. Er musste mit dem rechten Fuß immer etwas nach außen ausholen um ihn beziehungsweise das Bein nach vorne zu kriegen. Das sah zum Kugeln aus. Aber er gewöhnte sich daran und nach einigen Wochen war sein Bein zusammengewachsen, nur leider steif – für immer. Aber er lebte! Und auch den Winter haben die beiden gut überstanden.

Das liebe Federvieh

Im Frühling waren zwei Enten natürlich viel zu wenig, wenn man doch wieder mit einer Schneckeninvasion zu rechnen hatte. Da kam es unserer Oma gerade recht, dass ihr ein Bauarbeiter zwei alte und fünf junge Moschusenten schenken wollte. Die Freude war groß, als nach wenigen Tagen die Enten in zwei großen Schachteln angeliefert wurden. Die Tatsache, dass die Entenfamilie gar keine Familie war, erschien uns am Anfang nicht wichtig.

Was wir ebenfalls nicht ahnten war, dass beim Öffnen der Kartons das Schicksal unseres Federviehs für diese Saison eine nicht mehr zu korrigierende Bahn einschlug. Unsere „Gänseliesel" machte als erstes den Karton mit den Jungen auf und sprühte jedes von ihnen mit Haarspray ein – weil sie der festen Überzeugung war (und immer noch ist), dass, wenn alle Tiere in der Nacht gleich riechen, sie sich am nächsten Morgen bestens verstünden, da nicht der Anblick, sondern der Geruch es sei, womit die Tiere am Anfang ihre Probleme hätten. Sie sperrte also die präparierten jungen Dinger sofort in den dunklen Stall, wo bereits der Hatschek und seine Gefährtin saßen.

Es folgte dann der zweite Karton mit den Alten. Er, ein Riese von einem schwarzen, grimmigen Erpel, hatte die Flügel bereits gestutzt und somit bestand keine Gefahr, dass er wegflog. Der Ente, also seiner Angebeteten, brauchte man angeblich die Flügel nicht zu stutzen, weil sie ohnehin nicht von der Seite ihres Partners weichen würde. Das war nun leider ein Trugschluss, denn sobald die schmächtige, schwarze Ente die vielen Jungen sah, machte sie kehrt, breitete die Flügel aus, hob in die Luft ab und flog zum Bach hinunter. Der dicke, angriffslustige Erpel fauchte um sich herum und war gar nicht zu beruhigen.

Nun war schon einmal guter Rat teurer. Aber der Opa hatte die tolle Idee mit der Leine. Sie nahmen mir also das Halsband ab und legten es dem beißenden Enterich samt meiner Leine um den

Bauch. Ein Gespann zum Kugeln! So marschierten wir zum Bach hinunter. Der Opa vorneweg, hinter ihm hergezogen der beleidigte Enterich, dann ich und im Anschluss die Oma. Am Bach unten angekommen, wartete die Dame seines Herzen ohnehin schon, schließlich blieb das kabarettreife Treiben nicht ganz unbemerkt. Der Erpel fauchte und schnatterte noch lauter und sie kam einige Schritte auf ihn zu.

Opa erlaubte den beiden ein kurzes tête-à-tête, um dann den Erpel an der Leine den Hang wieder hinaufzuziehen, mit der Ente im Schlepptau. Endlich oben angekommen zog Opa den Erpel in die Scheune und sobald seine Angebetete ebenfalls drinnen war, schmiss mein Frauli das Scheunentor zu und die Oma eine Decke über die Ente. Nach einem kurzen Tumult hatte die schwarze Schönheit einige Federn weniger (die Schere lag schon bereit). Dann wurden beide ebenfalls mit Haarspray eingenebelt und kamen in den Stall zu den anderen. Tor zu und gute Nacht!

Der nächste Morgen ☺ + ☹: Voller Zuversicht und glücklich über ihre Entenschar, die gleich ihren ersten gemeinsamen Auslauf genießen sollten, öffnete die Oma die Stalltür – ein Schrei, der allen durch Mark und Bein ging.

Der Moschuserpel hatte unseren Hatschek gerupft. Oma fackelte nicht lang, schon war der Kopf ab und der Braten in der Röhre.

Oma, Opa und der Partosch (ein Nachbar) wollten den Braten genießen, aber das Fleisch war so zäh, dass das Gebiss der drei älteren Herrschaften beinah steckenblieb. Letzen Endes steckten sie sich den Entenbraten mit schmierigen Fingern ohne Gabel in den Mund.

Sommerpause

Frauli liest uns eine Geschichte aus der Zeitung vor. Die Familie sitzt am Frühstückstisch, Fanny liegt unter dem Tisch, der kleine Mops schläft schon wieder in der Ecke und ich sitze da und überlege mir, dass ich auch mal gerne so eine schöne Semmel haben möchte.

Da fängt unser Frauli laut zu lesen an:

„Wenn du den Tag ohne Kaffee beginnen kannst, ohne gereizt zu sein, wenn du immer fröhlich bist und Wehwehchen und Schmerzen ignorierst, wenn du dich nicht beschwerst oder Leute mit deinen Problemen langweilst, wenn du jeden Tag dasselbe essen kannst und dafür noch dankbar bist, wenn du Verständnis dafür hast, dass die Menschen, die du liebst, zu müde sind, um Zeit mit dir zu verbringen, wenn du darüber hinwegsehen kannst, dass die, die du liebst, manchmal ohne Grund ihre Aggressionen an dir ablassen, wenn du einen reichen Freund nicht besser als einen armen behandelst, wenn du der Welt ohne Lüge und ohne Täuschung gegenüberstehen kannst, wenn du wahrlich sagen kannst, dass es in deinem Herzen keine Vorurteile gegen die verschiedenen Rassen, Farben, Religionen, Weltanschauungen und Meinungen gibt, wenn du bedingungslos lieben kannst, ohne Druck auszuüben oder Eile zu haben, dann mein Freund, bist du fast so gut wie dein Hund. (Autor unbekannt.)"

Alle haben aufmerksam zugehört und als Frauli die Zeitung zur Seite legt, sagt die Oma: „Oh, das ist aber eine schöne Geschichte."

Die Kleine meint: „Aber unser Charles ist nicht so oder?"

Frauli lacht und sagt: „Vielleicht nicht immer, aber immer öfter."

Die Kinder haben Ferien. Ich glaube, das ist die Zeit, wo sie immer zuhause hocken und mir auf den Geist gehen. Das ist auch die Zeit, wo mein Herrl noch mehr unterwegs ist und gar keine Ausflüge mit mir zusammen unternimmt. Aber das macht mir gar nichts, Frauli nimmt mit frühmorgens mit in die Arbeit, da gibt es noch mehr Besucher als sonst und fast alle lieben mich, egal ob groß oder klein, alle gehen mir ans Fell und streicheln und streicheln …

Zu Mittag gehe ich dann zu den Kindern nach Hause und lege mich unter meinen Lieblingsbaum in den Schatten. Die Fanny legt sich oft zu mir und erzählt mir Geschichten aus ihrer Jugend. Diese Stunden liebe ich ganz besonders, sie erzählt so schöne, aufregende und lustige Geschichten, dass ich oft dabei einschlafe und wunderschön träume. Wenn es uns mal zu heiß ist, bleiben wir einfach im kühlen Haus in unserer Kuschelecke und lassen den guten Tag einfach vorübergehen. Erst am Abend zieht es uns noch mal raus in den Garten.

Mein Frauli hat auch keine Zeit, meine Geschichten aufzuschreiben, aber ehrlich, ich erlebe auch kaum etwas. Ich mache einfach auch Ferien und warte, bis der Sommer vorübergeht. Ich freue mich auf die Zeit, wo der Wind die Blätter von den Bäumen bläst, Opa die Äpfel herunterschüttelt, die Kühe auf der Wiese vor unserem Fenster grasen und die Fanny wieder Mäuse ausbuddelt. Und dann kommt bestimmt auch bald meine Lieblingszeit – der Winter – das ist Berners liebste Jahreszeit!

Die Liebe zu einem Hund
gibt dem Menschen große Kraft.

– Seneca –

Über die Autorin

Wilma Taubenberger wurde 1964 mitten im Salzkammergut geboren, wo sie in Mondsee auf einem schönen Bauernhof aufwuchs. Inzwischen betreibt sie dort ein kleines Hotel (www.prielbauer.at). Sie ist verheiratet, Mutter von drei Kindern und hat einen Hund. Durch das Aufwachsen mit Tieren hat sie seit ihrer Kindheit ein sehr inniges Verhältnis zu diesen und quasi immer schon einen tierischen Begleiter an ihrer Seite.